饮用水水源地生态补偿机制

周丽旋　杜　敏　于锡军　主编

U0353349

中国环境出版集团·北京

图书在版编目（CIP）数据

饮用水水源地生态补偿机制/周丽旋，杜敏，于锡军主编.
—北京：中国环境出版集团，2019.10
ISBN 978-7-5111-4064-7

Ⅰ．①饮…　Ⅱ．①周…②杜…③于…　Ⅲ．①饮用
水—水源地—生态环境—补偿机制　Ⅳ．①X52

中国版本图书馆 CIP 数据核字（2019）第 161831 号

出 版 人	武德凯
责任编辑	董蓓蓓
责任校对	任　丽
封面设计	岳　帅

出版发行　中国环境出版集团
　　　　　（100062　北京市东城区广渠门内大街 16 号）
　　　　　网　　址：http：//www.cesp.com.cn
　　　　　电子邮箱：bjgl@cesp.com.cn
　　　　　联系电话：010-67112765（编辑管理部）
　　　　　　　　　　010-67113412（第二分社）
　　　　　发行热线：010-67125803，010-67113405（传真）
印　　刷　北京市联华印刷厂
经　　销　各地新华书店
版　　次　2019 年 10 月第 1 版
印　　次　2019 年 10 月第 1 次印刷
开　　本　787×1092　1/16
印　　张　10
字　　数　200 千字
定　　价　49.00 元

《饮用水水源地生态补偿机制》
编 写 组

主编 周丽旋　杜　敏　于锡军

成员 （按姓氏拼音排序）

房巧丽　李泰儒　李甜甜　李小宝

罗赵慧　苏　雷　张晓君　朱璐平

前　言

　　"我们既要绿水青山，也要金山银山。宁要绿水青山，不要金山银山，而且绿水青山就是金山银山。""两山论"切中了发展中的最深层问题，深刻阐明了绿水青山与金山银山的辩证统一关系，科学解答了人们有关经济发展与生态保护是否可以兼得的问题。对于饮用水水源地来说，如何科学处理好经济发展和水源保护的关系，是关乎一方群众饮水安全的民生大事。生态补偿作为一种协调"绿水青山"保护者和"金山银山"受益者之间利益关系的机制，可以通过对生态利益的重新分配和环境外部性的内部化，实现社会经济发展与生态环境保护之间的矛盾协调，为"绿水青山"和山水林田湖草构建稳固的长效保障。

　　《生态文明体制改革总体方案》将"健全资源有偿使用和生态补偿制度"列为八项配套制度之一，体现了对生态补偿制度重要性的高度肯定。《关于健全生态保护补偿机制的意见》对我国近一个阶段生态补偿制度完善提出了明确的路线与方向，即重点实现森林、草原、湿地、荒漠、海洋、水流、耕地等重点领域和禁止开发区域、重点生态功能区等重要区域生态保护补偿全覆盖，补偿水平与经济社会发展状况相适应，跨地区、跨流域补偿试点示范取得明显进展，多元化补偿机制初步建立，基本建立符合我国国情的生态保护补偿制度体系。

　　一直以来，中山市积极主动探索生态文明建设，并取得了丰硕成果。中山市先后获得"联合国人居奖""全国文明城市""全国园林城市""国家环境保护模范城市""国家级生态示范区""中国最具幸福感城市""全国十佳生态文明城市"等殊荣，2011 年成为全国第一个地级国家生态市。中山市高度重视生态文明制度探索与建设，2014 年，中山市经研究后对全市生态公益林和基本农田生态补偿进行提升、统筹，成为广东省首个实施"市财政主导，镇区财政支持"纵横向结合的区域综合"统筹型"生态补偿政策的城市。同时，生态补偿范围进一步扩大，生态补偿标准逐年递增，有效地缓解了区域社会经济发展与生态环境保护的矛盾，促进了全市生态环境保护。2016 年，中山市开展了生态补偿政策实施效果动态评估，评估结果认为经过上一轮调整，全市生态补偿标准与镇区和公众期望差距缩小，"市镇财政共担"筹资模式认同度高，减缓保护与发展矛盾效果明显，生态补偿政策有效地促进了全市森林和耕地资源保护，大大提高了基层生态资产管理能力和积极性，制度设计科学、创新、可行，具有示范效应。在评估的基础上，提出进一步扩大全市生态补偿范围，并尽快启动饮用水水源地生态补偿的建议。

为确保中山市饮用水水源地生态补偿工作顺利推进，应尽快启动开展饮用水水源地生态补偿机制设计与研究，本书便是根据中山市饮用水水源地生态补偿机制设计研究课题成果整理而成的。

本书由周丽旋、杜敏和于锡军主笔，房巧丽、李泰儒、李甜甜、李小宝、罗赵慧、苏雷、张晓君、朱璐平（排名不分先后）等参与编写。其中：第一章由罗赵慧主笔，于锡军、周丽旋参与编写；第二章由李泰儒主笔，房巧丽、苏雷参与编写；第三章由房巧丽主笔，周丽旋、于锡军参与编写；第四章由李甜甜主笔，朱璐平、张晓君参与编写；第五章由周丽旋和张晓君主笔，苏雷参与编写；第六章由苏雷主笔，朱璐平、张晓君、罗赵慧参与编写；第七章由李小宝和朱璐平主笔，张晓君参与编写；第八章由杜敏主笔，于锡军和周丽旋参与编写。

本书在编著过程中，得到中山市生态环境局和生态环境部华南环境科学研究所等单位的支持，在此表示衷心感谢。中国环境出版集团董蓓蓓编辑为本书的编辑出版付出了辛苦劳动，在此表示致谢！

目 录

第 1 章

相关理论基础

近年来，学者从饮用水水源地生态补偿的理论基础、补偿机制、补偿标准、补偿政策研究等角度对饮用水水源地生态补偿制度建设进行了系统论述，促进了饮用水水源地生态补偿从理论研究走向实际应用。本研究从饮用水水源地生态补偿理论框架、补偿标准、补偿资金管理及政策研究等方面对前人研究成果进行综述，以期为饮用水水源地生态补偿实施提供借鉴及启示。

1.1 生态补偿的基础理论

1.1.1 生态服务系统价值理论

随着生态环境破坏日益加剧，人类逐渐意识到生态系统的物质转换、能量流动以及信息传递等功能在人类生存发展过程中的重要作用和生态系统本身的价值。许多学者对生态服务系统价值开展了研究[1-8]。James Boyd 等[9]分析了现有生态服务价值评估方法并提出自己

1　James B，Lisa W. Measuring ecosystem service benefits: the use of landscape analysis to evaluate environmental trades and compensation[J]. Resources for the Future，2003（6）：2-63.

2　Lu Y，Wang J，Wei L Y，et al. Land use change and its impact on values of ecosystem services in the West of Jilin Province[J]. Wuhan University Journal of Natural Sciences，2008，11（4）：1028-1034.

3　Ian J B，Georgina M M.，Carlo F，et al. Environmental and resource economics[J]. Economic Analysis for Ecosystem Service Assessments，2011，48（2）：177-228.

4　闵捷，高魏，李晓云，等. 武汉市土地利用与生态系统服务价值的时空变化分析[J]. 水土保持学报，2006，20（4）：170-174.

5　王兵，鲁绍伟. 中国经济林生态系统服务价值评估[J]. 应用生态学报，2009，20（2）：417-425.

6　王建，祁天，陈正华，等. 基于遥感技术的生态系统服务价值动态评估模型研究[J]. 冰川冻土，2006，28（5）：739-747.

7　周永章，王树功. 生态、义务、价格：实现国土生态安全体系的构想[J]. 环境，2007（3）：68-68.

8　王俊舜，周永章. 面向国土主功能区划的生态市场机制构建与分析[Z]. 中国可持续发展研究论坛（IV），哈尔滨：黑龙江教育出版社，2007，236-240.

9　James B，Lisa W. Measuring ecosystem service benefits: the use of landscape analysis to evaluate environmental trades and compensation[J]. Resources for the Future，2003（6）：2-63.

对生态服务价值的看法和空间分析在价值评估中的重要性。千年生态系统评估（MA）是较有影响力的报告[10-12]，它评估了生态系统及其服务功能不断变化的状况、引起生态系统变化的原因，以及生态系统变化对人类福祉带来的后果。它评估了陆地、淡水和海洋系统，以及一系列生态系统服务功能，包括食物、木材、空气质量的调节、养分循环、脱毒、娱乐和审美服务功能。人类应该充分认识到生态环境系统为人类提供了供给功能、支持功能、调节功能和文化功能。因此，人类在进行与生态系统管理有关的决策时，既要兼顾人类福祉，同时也要考虑生态系统的内在价值。千年评估系统认为[13]，生态补偿是促进生态环境保护的一种经济手段，而实施生态补偿的理论依据则是对于生态环境特征与价值的科学界定。

1.1.2　外部性理论与产权理论

外部性理论是环境经济学的理论基础，同时也是政府制定环境保护政策的理论支柱。根据自然资源在生产和消费中所产生的影响分为正外部性和负外部性，正外部性即为生产消费活动产生的外部效益，负外部性即为带来环境污染和生态破坏产生的外部成本[14]。前者带来的环境效益被他人无偿分享，后者所带来的环境污染和破坏也没有纳入生产者成本中。只要外部性问题扩展到区域经济范畴，所谓区际外部性便会产生。例如，一个区域经济高速增长所带来的污染、环境破坏与资源短缺压力会被转嫁到其他区域。根据陈秀山和张可云的观点，所有区域经济活动都具有区际外部性，区域之间的经济利益矛盾和区域与整体之间利益的矛盾正是由于这种外部性（尤其是负外部性）的存在而导致的[15]。其次，水和大气污染不是固定的，它们会发生转移和扩散，如果顺着河流的流向，常常会出现上游污染、下游损失的现象[16]，而大气则会随着气流运动漫延在区域间。由于区际生态物品外部性广泛存在，治理污染单纯依靠区域自身的力量过小；因此，生态经济政策需要区域间的通力配合。

10　赵士洞，张永民. 生态系统与人类福祉——千年生态系统评估的成就，贡献和展望[J]. 地球科学进展，2006，21（9）：895-902.

11　李团胜，程水英. 千年生态系统评估及我国的对策[J]. 水土保持通报，2003，23（1）：7-11.

12　Paul，D R. Global scenarios: background review for the millennium ecosystem assessment[J]. Ecosystems，2005，8（2）：133-142.

13　Millennium E A. Ecosystems and human well-being: a framework for assessment[Z]. Washington DC: Island Press，2003.

14　完颜素娟，王翊. 外部性理论与生态补偿[J]. 中国水土保持，2007，12：17-20.

15　陈秀山，张可云. 区域经济理论[M]. 北京：商务印书馆，2004.

16　Sina C. CNY 41bn spent on soil and water conservation[Z]. London：China Business Daily News，2005.

前人研究显示[17-20]，对于资源类生态物品来说，区域间产权界定不清晰的问题经常会导致使用权限上的利益冲突。比如，区域间对水资源的使用存在较强的竞争性，经常要进行区域间水资源的博弈和协调。森林资源则更特殊，由于森林在调节气候方面有不可替代的作用；因此，必须考虑森林对周围区域气候的影响程度等外部性因素，不能毫无限制地任意开采，因此将不得不放弃部分本区域的经济利益[21]。庇古在《福利经济学》中对私人成本和社会成本之间的差异分析显示，正是由于外部性的存在从而造成市场机制无法发挥作用即市场失灵的原因正是由于外部性的存在，而政府干预则是解决市场失灵的外部力量。一方面征税限制造成外部不经济的生产者的生产；另一方面给生产外部经济的生产者补贴从而达到帕累托最优[22]。

资料分析显示[23-26]，外部性理论在生态保护领域已经得到广泛的运用，具体利用征税、补贴等不同手段实现，例如，排污收费制度、退耕还林制度等。

与庇古所强调的外部性产生原因在于市场失灵，必须通过政府干预来解决的观点相反，科斯认为不能将外部性简单地看成市场失灵[27]。双方产权界定不清是外部性问题的实质之所在，从而产生了利益边界和行为权利不明晰的现象，继而产生了外部性问题。因此，解决外部性问题的关键在于明确产权，即确定人们是否有利用自己的财产采取某种行动并造成相应后果的权利。同时提出了科斯第一定理：如果交易费用为零，产权清晰明确，那么无论最初如何界定产权，都可以通过市场交易消除外部性。科斯进一步对市场交易费用不为零的情况进行了探讨，由此提出了科斯第二定理：当交易费用为正且较小时，可以通过从一开始就合法界定权利的方式来提高资源配置效率，从而实现外部效应内部化。

17　Mark，W R，Renato G S. Establishing tradable water rights：implementation of the Mexican water law[J]，Irrigation and Drainage Systems，1996，10（3）：263-279.

18　Zheng H，Wang Z J，Hu S Y，et al. A comparative study of the performance of public water rights allocation in China[J]. Water Resources Management，2012，26（5）：1107-1123.

19　陈洪转，羊震，杨向辉. 我国水权交易博弈定价决策机理[J]. 水力学报，2006，37（11）：1407-1410.

20　李亚津. 跨区域水权交易法律问题研究——以东阳-义乌水权交易案为例[D]. 兰州：兰州大学，2013：1-27.

21　Murray B C，Abt R C.. Estimating price compensation requirements for eco-certified forestry[J]，Ecological Economics，2001，36（2）：149-163.

22　彭春凝. 论生态补偿机制中的政府干预[J]. 西南民族大学学报（人文社科版），2007（191）：105-109.

23　张蕾. 我国西部退耕还林的经济学分析：基于外部性视角[J]. 林业经济，2008（6）：58-62.

24　邓春燕. 基于外部性理论的耕地保护经济补偿研究——以长寿区为例[D]. 重庆：西南大学，2012：1-51.

25　肖建. 基于外部性理论的流域水生态补偿研究——以太湖流域为例[D]. 赣州：江西理工大学，2012：1-42.

26　付寿康，基于外部性理论的集体农用地征收补偿标准研究[D]. 南昌：江西师范大学，2013：1-63.

27　科斯. 财产权利与制度变迁[M]. 上海：上海三联书店，1994.

前人研究显示[28-32]，一方面，资源环境在开发利用过程中，存在大量的外部性问题；另一方面，资源环境相对于其他生产要素而言产权界定特别复杂。我国经济管理体制转型时期，更是如此。外部性理论对应的生态补偿主体、时空尺度不同时，会有不同的内涵，合理地解决外部性的生态补偿手段和途径也不尽相同。因此，生态补偿应在明确界定资源产权的前提下，通过体现超越产权界定边界的行为的成本，或通过市场交易体现产权转让的成本，从而引导经济主体采取成本更低的行为方式，使资源和环境实现可持续开发利用，实现经济发展与保护生态的平衡。

1.1.3　公共物品理论

根据微观经济学理论，社会产品分为私人物品和公共物品两大类[33]。公共物品的严格定义是萨缪尔森提出来的，纯粹的公共物品是指不会因为每个人的消费而导致别人对该物品消费的减少。非竞争性和非排他性是公共物品的两个重要性质。这两种特性决定了在使用消费公共物品的过程中将产生两个现象："搭便车"和"公共地悲剧"[34]。

前人研究显示[35-39]，生态环境在很大程度上属于公共物品，基于生态环境整体性、区域性和外部性等特征，任何个体都可以使用，而又不需要支付相应的费用且缺乏相应的管理和约束，因此，当全社会对生态环境使用的强度超过生态环境的阈值时，便会造成严重的环境污染和生态环境破坏，"公共地悲剧"随之发生。另外，"搭便车"心理往往由消费中的非排他性引起，最终产生供给不足的现象。因此，公共物品的本质特征决定了代表私人利益的政府提供公共物品的必要性，提供优质的公共物品是政府活动的主要领域和首要职能。解决公共物品的有效机制之一是政府买单和管制，但也不是唯一的机制。如何实

28　Owen A D. Environmental externalities，market distortions and the economics of renewable energy [J]. Technologies Energy Journal，2004，25（3）：127-156.

29　Elamin H E，Terry L R. On endogenous growth: the implications of environmental externalities[J]. Regular Article，1996，31（2）：240-268.

30　王海龙，赵光州. 循环经济对资源环境外部性的作用及问题探讨[J]. 经济问题探索，2007（2）：22-26.

31　毛显强，钟瑜，张胜. 生态补偿的理论探讨[J]. 中国人口·资源与环境，2002，12（4）：38-41.

32　柯水发，温亚利. 森林资源环境产权补偿机制构想[J]. 北京林业大学学报（社会科学版），2004，3（3）：37-40.

33　董小君. 主体功能区建设的"公平"缺失与生态补偿机制[J]. 国家行政学院报，2009（1）：38-41.

34　张翼飞，陈红敏，李瑾. 应用意愿价值评估法科学制定生态补偿标准[J]. 生态经济，2009，38（1）：28-31.

35　Samuelson，Paul A. The pure theory of public expenditures[J]. The Review of Economics and Statistics，1954，36（4）：387-389.

36　Buchanan J M. An economic theory of clubs[J]. Economica（New Series），1965，32（125）：1-14.

37　马纤. 公共物品理论视野下的社区矫正——一种法经济学的分析[J]. 甘肃社会科学，2007（3）：25-28.

38　沈满红，谢慧明. 公共物品问题及其解决思路——公共物品理论文献综述[J]. 浙江大学学报（人文社会科学版），2009，39（6）：133-144.

39　谷国峰，黄亮，李洪波. 基于公共物品理论的生态补偿模式研究[J]. 商业研究，2010（3）：33-36.

现受益者付费才能保证生态环境保护中像生产私人物品般地得到有效激励，还有待进一步探索。

根据上述分析可以看出，要保证生态环境这一公共物品的有效供给，应设计这样的一种制度：生态保护外部成本的内部化通过一定的政策手段实现后，让生态保护成果的受益者对保护者支付相应的费用；利用制度设计解决好生态产品消费中的"搭便车"现象；生态保护者的合理回报通过制度创新来解决，促使人们进行生态保护投资并使生态资本增值。

1.1.4　生态资本理论

学者认为[40-41]，"生态资本"又称"自然资本"，生态环境在功效上对人类的作用是非常重要的。同时，生态环境又是我们创造财富的要素之一。

可以通过级差地租或者影子价格的方式来反映土地、动物、森林、水体等环境资源的经济价值，进而实现生态资源的资本化。前人研究显示[42-44]，生态资本主要包括以下 4 个方面：能直接进入当前社会生产与再生产过程的自然资源；自然资源（及环境）的质量变化和再生量变化，即生态潜力；生态环境质量，这里是指水环境质量、大气、土壤和水体等各种生态因子为人类生命和社会生产消费所必需的环境资源。而生态系统整体价值就通过各类环境要素对人类社会发展的效用总和所体现。

随着科学技术的进步和生产力水平的提高，生态资本存量的增加在经济发展中所发挥的作用越来越显著。但生态保护者常常由于生态产品的公共属性而不能得到生态资本增值的相应回报。前人研究显示[45-48]，从生态资源到生态资本，不仅经历了实物名称表达的变化，并对加强资源环境管理有更深层的意义。而实现生态资源资本化是确定生态补偿的主客体，建立生态补偿制度的重要途径。另外生态资本理论是生态补偿的主要理论依据和基础，体现了区域环境、水资源和水环境重要价值。

40　Wang Y，Ma L，Long Z Y，et al. The research methods based on emergy theory of the value of natural capital[J]. Advanced Materials Research，2013，664（10）：353-357.

41　范金，周忠民，包振强. 生态资本综述[J]. 预测，2000（5）：79-80.

42　孔凡斌. 中国生态补偿机制理论、实践与政策设计[M]. 北京：中国环境科学出版社，2010.

43　牛新国，杨贵生，刘志健，等. 略论生态资本[J]. 中国环境管理，2002（1）：18-19.

44　郑海霞. 中国流域生态服务补偿机制与政策研究——以 4 个典型流域为例[D]. 北京：中国农业科学院农业经济与发展研究所，2006.

45　Alexander A M，John A L，Michael M，et al. A method for valuing global ecosystem services[J]. Ecological Economics，1998，27（2）：161-170.

46　严立冬，谭波，刘加林. 生态资本化：生态资源的价值实现[J]. 中南财经政法大学学报，2009（2）：3-8.

47　李世聪，易旭东. 生态资本价值核算理论研究[J]. 统计与决策，2005（9）：4-6.

48　邵道萍，于爽. 浅谈生态资本与可持续发展[J]. 天水师范学院学报，2006（7）：42-44.

1.1.5 区域分工理论

前人研究显示[49-51]，按照成本学说和要素禀赋学说，在资源和要素不能完全、自由流动的前提下，为了满足各自生产、生活方面的各种方面的需求，提高经济效益，根据区域比较优势的原则，选择和发展优势产业，区域之间便产生了分工。区域分工使得各区域充分发挥资源、要素、区位等优势，合理利用资源，各区域的经济效益和国民经济发展的总体效益得到了较大提高。传统分工仅仅停留在经济内部或者社会内部，基于开发型经济取向和保护型生态取向，不同主体功能区形成更广义上和更高层次的分工。前人研究显示[52-55]，区域分工理论为主体功能区生态补偿提供了依据，对打破传统补偿双方的对立性、二元性，重塑平等性、互补性的新型补偿关系具有重要意义。区域分工理论是主体功能区生态补偿的宏观理论基础，对突出主体功能区生态补偿有着深远的意义。

1.2 饮用水水源地生态补偿的理论框架

1.2.1 饮用水水源地生态补偿定义

国内各领域学者对于水源地生态补偿定义有各自不同的见解。葛颜祥等[56]将水源地生态补偿划分为广义生态补偿和狭义生态补偿。广义生态补偿包括对污染水源的补偿和水资源生态功能的补偿；狭义生态补偿则专指对水资源生态功能或生态价值的补偿，包括对因开发利用水资源而损害生态功能，或导致生态价值丧失的单位和个人收取经济补偿费（税），对为保护和恢复水生态环境及其功能而付出代价、做出牺牲的单位和个人进行经济补偿。王淑云等[57]从人与自然、人与人的关系两个层面剖析了水源地生态补偿的内涵，概括为：在可持续发展理论的指导下，对水源地进行保护和修复，维持水源地生态服务功能的可持续；运用一定的政策或法律手段，调整水源地生态保护相关者之间的利益关系，由水源地生态保护成果的"受益者"支付相应的费用给生态保护成果的"损失者"，使水

49 Rodriguezclare A. The division of labor and economic development[J]. Journal of Development Economics，2004，49（1）：3-32.

50 燕守广，沈渭寿，邹长新，等. 重要生态功能区生态补偿研究[J]. 中国人口•资源与环境，2010，20（3）：1-4.

51 聂辉华. 新古典分工理论与欠发达区域的分工抉择[J]. 经济科学，2002（3）：112-120.

52 Newman，Peter. Changing patterns of regional governance in the EU[J]. Urban Studies，2000，37（5）：895-908.

53 贺思源，郭继. 主体功能区划背景下生态补偿制度的构建和完善[J]. 特区经济，2006（11）：194-195.

54 孟宜召，朱传耿，渠爱雪. 我国主体功能区生态补偿思路研究[J]. 中国人口•资源与环境，2008，2（18）：139-144.

55 陈潇潇，朱传耿. 试论主体功能区对我国区域管理的影响[J]. 经济问题探索，2006（12）：21-25.

56 葛颜祥，梁丽娟，接玉梅. 水源地生态补偿机制的构建与运作研究[J]. 农业经济问题，2006，9：22-28.

57 王淑云，耿雷华，黄勇，等. 饮用水水源地生态补偿机制研究[J]. 中国水土保持，2009（9）：5-7.

源地生态保护外部性内部化，达到保护水源地生态环境，促进水源地生态服务功能增值的目的。马兴华等[58]认为水源区生态补偿是为了有效地保护水源区生态环境，维持和改善水源区生态系统服务功能，依据"公平、公开、公正"和"谁受益谁补偿、谁破坏谁治理"的原则，制订一套政策和法律法规，使水源区生态成本（或效益）的外部性问题内部化，通过资金、实物、项目扶持、智力开发等补偿方式，使生态服务的受益者或破坏者对为保护和治理水源区生态系统而发展受到损失的受损者提供补偿，以达到既能有效保护水源区生态环境，又能体现地区公平，促进人与人、人与水、人与自然和谐相处的目的。

1.2.2　饮用水水源保护生态补偿理论框架

葛颜祥等[59]认为生态补偿机制是水资源有偿使用制度的重要内容之一，提出应用政府补偿与市场化补偿相结合的机制对于水源地生态环境进行补偿是一种可供选择的制度路径；根据"谁保护谁受益"的原则，以整个水源地保护区为对象，界定生态补偿对象，按照其经济行为确定补偿要素，根据其在水源地生态保护中贡献的大小，在能够调动其积极性的前提下确定补偿标准，采用生态受益者对水源地直接补偿和间接补偿两种形式开展补偿。马兴华等[60]建立了水源区生态补偿机制的理论框架，即首先需要划分补偿主客体，研究补偿标准，在此基础上研究补偿模式和补偿方式，最后研究补偿保障措施。王淑云等[61]确定了水源地补偿主体、补偿客体和对象；通过对饮用水水源生态效益和生态损失的分析，确定水源地的收益和成本；以水量修正系数、水质修正系数作为约束，建立水源区生态补偿标准测算模型；以水源地的政府主导和市场主导两种补偿模式及以资金补偿、财政转移支付、实物补偿等 6 种补偿方式构建了饮用水水源地的生态补偿机制。龚建文等[62]建立的广东新丰江水库饮用水水源地生态补偿机制包括补偿的主体客体、考核目标和标准、资金来源、补偿渠道、补偿方式、保障体系和具体措施办法等，并提出新丰江水库饮用水水源地生态补偿机制应以水资源有偿使用为原则，实现"国家所有，全民使用，使用者向国家支付，国家向保护（生产）者转移"，变现在的"政府支援"为"社会（受益者）支付"，解决水源地人民的生存问题，提高他们保护水库优质水资源的积极性。

1.2.3　饮用水水源地生态补偿标准核算

补偿标准核算是生态补偿的重点和难点，是决定生态补偿机制能否顺利实施的关键。

58　马兴华，崔树彬，安娟. 水源区生态补偿机制理论框架研究[J]. 南水北调与水利科技，2011，9（4）：87-90.
59　葛颜祥，梁丽娟，接玉梅. 水源地生态补偿机制的构建与运作研究[J]. 农业经济问题，2006，9：22-28.
60　马兴华，崔树彬，安娟. 水源区生态补偿机制理论框架研究[J]. 南水北调与水利科技，2011，9（4）：87-90.
61　王淑云，耿雷华，黄勇，等. 饮用水水源地生态补偿机制研究[J]. 中国水土保持，2009（9）：5-7.
62　龚建文，周永章，张正栋. 广东新丰江水库饮用水水源地生态补偿机制建设探讨[J]. 热带地理，2010，30（1）：40-44.

张化楠和葛颜祥[63]总结了目前较为常用的核算方法，包括生态系统服务功能价值法、生态保护总成本法、水质-水量补偿方法、支付意愿法、费用分析法以及多方法综合运用等，研究提出标准核算体系应结合水源地地域实际，因地制宜，综合平衡水源地保护政策的短期利益与长远利益，兼顾补偿者的补偿意愿和补偿能力与受偿者的受偿意愿。

（1）生态系统服务功能价值法

水源地生态系统服务是指水生态系统与生态过程所形成及所维持的人类赖以生存的自然环境条件与效用。水源地生态系统服务功能的价值核算是在对水源地生态效益进行分析的基础上，从水源地提供的调节气候、净化空气、保持水土、生物多样性保护、水源涵养等方面功能分别寻求合适的评估方法对水源地的经济价值进行评估，最后再对其进行加和得到水源地的总体经济价值。核算结果往往偏大，设定调整系数的方法受人为因素的影响较大，很难被补偿方所接受。因此，该生态补偿标准核算结果可作为生态补偿的上限。例如周晨等[64]基于南水北调中线工程水源区 2002—2010 年的土地利用变化分析，全面评估了水源区生态系统服务价值及其动态变化情况，据此确立了生态补偿的上限标准和分摊机制，并尝试根据生态服务功能和动态价值变化确立生态补偿支付标准。

（2）生态保护总成本法

生态保护总成本包括直接成本与机会成本。水源地生态保护直接成本是指为优化水源地生态环境所消耗的资金投入，核算过程较为简洁并容易理解和计算，但水源地保护区所支出的费用存在不确定性和动态性，导致计算过程中存在一定的技术难度。机会成本法是指水源地保护区为全流域的生态环境建设所牺牲掉的一系列产业发展机会所获得相应的收益。生态保护总成本是生态补偿的下限，低于这个下限，生态补偿理论上将无法达到生态保护行为的激励作用。

（3）支付意愿法

又称为条件价值法，主要采用直接调查或询问的方式，了解受水区居民对生态环境效益改善或资源保护所产生的支付意愿，或供水区居民对水生态系统环境质量下降所造成损失的赔偿意愿。该方法需要进行较为细致深入的问卷调查，问卷越真实，则与实际可能性越接近。该方法适用广泛、数据来源真实，在水资源生态环境价值评估中被许多学者所采用。

近年来在研究过程中，多数学者会将这些核算方法结合运用。例如刘强等[65]选取广东

63 张化楠，葛颜祥. 我国水源地生态补偿标准核算方法研究[J]. 生态与环境经济，2016，3：104-109.

64 周晨，丁晓辉，李国平，等. 南水北调中线工程水源区生态补偿标准研究——以生态系统服务价值为视角[J]. 资源科学，2015，37（4）：792-804.

65 刘强，彭晓春，周丽旋，等. 城市饮用水水源地生态补偿标准测算与资金分配研究——以广东省东江流域为例[J]. 生态经济，2012，1：33-37.

省东江流域作为研究对象，运用生态保护成本法和条件价值评估法，分别从流域水源地保护方和下游受益方的角度对东江流域生态补偿标准进行测算，在充分考虑流域上游生态保护成本和下游支付意愿、支付能力的前提下，利益相关双方通过谈判、协商在生态补偿标准问题上达成一致，并依据下游用水量对补偿金进行分摊。靳乐山等[66]提出只有下游的支付意愿大于上游的费用，上下游之间的生态补偿机制才有理论可行性。该研究以贵阳鱼洞峡水库为例，重点评估了当地安装沼气系统、坡耕地（≥25°）退耕还林、其他地区的土壤侵蚀防治以及点源污染治理费用，得出上游治理投资费用；采用意愿调查法（CVM）对贵阳市自来水用户对上游环境服务的支付意愿进行了评估；结果表明在鱼洞河水源地进行上下游生态补偿理论上是可行的，补偿标准介于上游费用与下游支付意愿之间。张落成等[67]选取改进的支付意愿法、水资源价值法和收入损失法三种方法对天目湖流域生态补偿标准进行核算。结果表明，引入旅游者门票反哺支付意愿的支付意愿法能更完善地表达天目湖流域的生态补偿标准额度。马俊丽和路利苹[68]综合考虑条件价值法、机会成本法和生态系统服务价值法的优缺点，以资源价值法和支付意愿法相结合的方法确定了贵阳市花溪水库生态补偿的标准。其补偿标准的上限以贵阳市花溪水库生态功能价值的全额实现为准，下限在资源价值的基础上结合贵阳市现有的支付能力来确定。李彩红[69]运用边际收益分析法对补偿标准的上限与下限进行分析，下限是水源地因增加生态服务供给产生的私人成本的增加额扣除其在生态建设中获得的内部收益，上限是水源地保护带来的水资源价值的外部收益。并在此基础上对水源地水资源保护中产生的成本（直接成本和机会成本）和水资源价值分别提出核算思路。水源地保护直接成本核算了节水工程建设、自然保护区建设、水污染治理、水土流失治理、生态移民工程、林业建设、水质水量监测投入等项目的实物、劳动力和智力方面的投入；机会成本核算主体为居民、企业和政府。

（4）多方法综合使用

越来越多的学者注意到不同的生态补偿标准研究方法各有优缺点，开始尝试在研究中利用建立指标体系或核算模型等途径实现多种研究方法的综合使用。例如李坦等[70]根据2005—2015 年新安江流域生态与经济的相关数据，建立了跨省份的新安江流域生态补偿标准的核算模型，依据综合成本法核算生态保护者的总成本；对流域生态系统服务价值进行敏感性分析，运用熵权法与受益权重系数调整其结果，选取发展阶段系数评价下游地区对

66 靳乐山，左文娟，李玉新，等. 水源地生态补偿标准估算——以贵阳鱼洞峡水库为例[J]. 中国人口·资源与环境，2012，22（2）：21-26.

67 张落成，李青，武清华. 天目湖流域生态补偿标准核算探讨[J]. 自然资源学报. 2011，26（3）：412-418.

68 马俊丽，路利苹. 贵阳市水源地生态补偿标准的实证分析——以花溪水库为例[J]. 现代商贸工业，2012，10：60-61.

69 李彩红. 水源地生态补偿标准核算研究[J]. 济南大学学报（社会科学版），2012，22（4）：58-62.

70 李坦，范玉楼. 新安江流域生态补偿标准核算模型研究[J]. 福建农林大学学报（哲学社会科学版），2017，20（6）：71-77.

补偿标准的支付意愿，最终得出补偿阈值。薄玉洁[71]建立了水源地生态补偿标准的指标体系，主要包括生态环保直接投入指标体系、生态环保间接投入指标体系和生态环保效益三大部分，并以大汶河流域为例进行了水源地生态补偿标准的测算。张君等[72]从生态保护建设的直接成本和发展机会损失的间接成本出发，结合生态服务功能价值、静态累积、间接计算等多种测算方法计算出水源区应获得的补偿金额，在此基础上，引入反映地区支付意愿的发展阶段系数和分水比例，共同确定受水区补偿量分配权重系数，计算得到各受水区应支付的补偿金额。史淑娟[73]通过建模来确定水源地生态补偿标准，以南水北调中线陕西水源区为研究对象，开展了受水区与水源区之间的补偿量分担比例、建立南水北调中线陕西水源区生态补偿机制等方面的研究，提出从水源区保护和涵养水源所付出的成本、受水区经济可承受能力、水源区的水资源价值及环境容量排污权的损失价值四种途径计算水源区生态补偿量的研究思路。

1.2.4 饮用水水源地生态补偿资金管理

生态补偿资金的筹集来源主要包括政府财政和市场化筹集，前者主要采取政府财政转移支付的方式实现，包括横向转移支付与纵向转移支付；后者形式较为多样。市场化筹集是根据"谁受益谁补偿"的原则，以环境产权外部性理论为指导，以水资源为载体，对水源地生态环境外部性受益对象进行界定，并从经济属性上进行分类，然后对不同受益对象确定其对水源地的补偿标准，受益者依其消费的生态资源的数量进行付费。在饮用水水源地生态补偿中，市场化筹集模式主要通过水权交易实现。然而，在我国现有体制下，市场化生态补偿资金筹集方式主要被作为政府财政资金的补充，无论是在研究中，抑或在实践中，其份额仍非常少。

龚建文等提出从以下三个渠道筹集饮用水水源地生态补偿资金：一是已有的生态公益林效益补偿金，主要通过提高生态公益林效益补偿的标准，加大支付力度；二是探索建立体现水资源价值的水源有偿使用制度，全面提高现行水价中的水资源费，在确保水资源费充分体现水质、水量价值，实现优质水资源的价值的同时，此部分资金可用于充实生态补偿；三是尝试建立优质水市场，使水源地的居民和政府获得一定比例的优质的初始水权，并通过水权交易获取生态补偿金。姚桂基[74]在青海省黑河、大通河、湟水河源区水资源补偿机制研究中，提出全面开征水资源费，杜绝无偿使用，以供水行业的净效益的一定百分

71 薄玉洁. 水源地生态补偿标准研究——以大汶河流域为例[D]. 泰安：山东农业大学，2012.
72 张君，张中旺，李长安. 跨流域调水核心水源区生态补偿标准研究[J]. 南水北调与水利科技，2013，11（6）：153-156.
73 史淑娟. 大型跨流域调水水源区生态补偿研究——以南水北调中线山西水源区为例[D]. 西安：西安理工大学，2010.
74 姚桂基. 对建立黑河大通河湟水河源区水资源补偿机制的探讨[J]. 青海环境，2005，15（1）：23-27.

比作为水资源费征收的最低标准的做法。朱九龙等[75]研究了南水北调中线水源区生态补偿的筹措，即受水区补偿资金的分担问题，提出南水北调中线水源区生态补偿资金的来源主要包括两部分：一部分由中央政府以专项基金方式进行财政转移支付（纵向补偿），另一部分由受水区横向补偿。

在饮用水水源地生态补偿资金的分配上，包括饮用水水源地内不同空间的补偿对象间的分配和不同主体之间的分配。在南水北调中线水源区生态补偿资金分配时，朱九龙等[75]认为应在考虑不同水源地经济发展水平的前提下，依据不同水源地的水域生态服务价值及森林、耕地、草地、未利用地等四种土地提供的水源涵养生态服务功能价值的总值占水源区相应服务价值总量的比例进行水源区生态补偿资金的分配。而马静和胡仪元[76]在南水北调中线工程汉江水源地生态补偿资金的分配模式研究时，则根据投入成本、生态效应和预期，建立流域段之间的区际补偿资金分配模式和政府、企业、个人之间的主体补偿资金分配模式，包括四个层级。一级为省区之间以生态资源本身为主的补偿资金分配模式；二级为省内市（县、区）之间以生态保护成本为主的补偿资金分配模式；三级为政府、企业、个人主体之间以政府的管理绩效和企业、个人的水源保护贡献为主的补偿资金分配模式；四级为企业之间、居民之间以水源保护贡献为主的个体补偿资金分配模式。

1.2.5　饮用水水源地生态补偿政策研究

水源区生态补偿政策研究方面，王玥等[77]结合大伙房水库水源保护区的问卷调查和入户访谈资料，对饮用水水源地生态补偿政策展开研究，结果表明应采取多元化的补偿方式，适当提高补偿标准，拓宽融资渠道，完善政策法规设计并做好补偿资金的管理。王燕[78]提出水源地生态补偿的运作机制应坚持政府在其中的主导地位，同时通过充分发挥市场的作用，进一步完善水源地生态补偿制度；我国水源地生态补偿机制起步较晚，在相关法规制定、补偿标准设定、部门权责划分等方面仍存在诸多不足之处，需要做好生态补偿机制与配套政策的结合，通过完善水源地法律保障机制、经济机制、资金运作机制、管理机制以及社会机制的建设，以构建完整的水源地生态补偿保障制度体系。黄宇驰等[79]考察了上海市饮用水水源地生态补偿政策运行机制和实施情况，分析了现行政策存在的问题，并提出

75 朱九龙，王俊，晓燕，等. 基于生态服务价值的南水北调中线水源区生态补偿资金分配研究[J]. 生态经济，2017，33（6）：127-133.

76 马静，胡仪元. 南水北调中线工程汉江水源地生态补偿资金分配模式研究[J]. 社会科学辑刊，2011，6：136-139.

77 王玥，王珍珍. 水源保护区生态补偿政策研究——以大伙房水源保护区为例[J]. 辽宁大学学报（哲学社会科学版），2016，44（5）：36-40.

78 王燕. 水源地生态补偿理论与管理政策研究[D]. 泰安：山东农业大学，2011.

79 黄宇驰，鄢忠纯，王敏，等. 上海市饮用水源地生态补偿政策实施情况分析与优化建议[J]. 中国人口·资源与环境，2013，S2：171-173.

了政策优化建议，如完善补偿资金的核算—分配—管理—监督体系，开展补偿政策实施效益跟踪评估，优化补偿工作考核办法等。孟浩[80]对上海市水源地生态补偿的社会效益进行了分析评估，构建了水源地生态补偿社会效益评估指标体系，并对社会效益各指标进行了影响因素分析，对上海市水源地生态补偿政策完善及优化提出以下对策建议：规范水源地生态补偿资金管理和使用，完善资金分配方案，建立社会效益跟踪机制等。孙从军和曹勇[81]分析了上海青西水源地现行生态补偿政策的实施效益和存在的问题，建议加大财政转移支付力度；实施差异性的区域政策，对于青西水源保护区，可以考虑建立"生态特区"，实行干部考核与 GDP 脱钩，给予更多的补偿支持；通过援建项目的形式支持生态补偿，推进环境税费制度；建立生态补偿基金。李国平和王奕淇[82]以南水北调工程水源地的环境保护与生态补偿为出发点，运用机会成本法，分析中国南水北调工程水源地现行环保与补偿政策及实施中出现的问题，从提高移民补偿、增加转移支付、建立交易市场和构建生态补偿政策体系四个方面提出了政策建议。

在水源地生态补偿绩效评价方面，唐萍萍等[83]基于目标分解法构建了涵盖水源保护、民生改善和脱贫攻坚等指标的水源地生态补偿绩效评价指标体系，并以南水北调中线工程汉江水源地汉中、安康、商洛、十堰四市生态补偿相关调查分析数据为基础，实证评价分析目前水源地的生态补偿绩效情况。

1.2.6　国际饮用水水源地生态补偿研究进展

国外已有许多国家和地区以流域生态补偿、森林生态补偿以及耕地使用等诸多方面为实施对象，制定了相应生态补偿政策，实施了相应的生态补偿措施。其中，基于市场理论的生态补偿标准，主要适用于水资源的生态补偿和碳排放权交易过程中生态补偿标准的确定[84]。国外学者在研究饮用水水源地生态补偿时所使用的术语是生态系统服务支付（Payment for Ecological Services 或 Payment for Environmental Services，PES），PES 遵循的准则是为了实现环境外部效应的内在化，实施的主要目标是：维护生态系统服务功能防止其退化，恢复生态系统服务功能，和确保生态系统服务功能的持续供应[85]；主要有四种

80　孟浩. 基于农户认知的水源地生态补偿政策社会效益评估及其影响因素研究[D]. 上海：上海师范大学，2013.

81　孙从军，曹勇. 上海水源地生态补偿现状和政策建议——以青浦区为例[J]. 环境科学与管理，2011，36（1）：4-8.

82　李国平，王奕淇. 南水北调工程水源地环境与补偿政策解析[J]. 统计与信息论坛，2015，5.

83　唐萍萍，张欣乐，胡仪元. 水源地生态补偿绩效评价指标体系构建与应用——基于南水北调中线工程汉江水源地的实证分析[J]. 生态经济，2018，34（2）：170-174.

84　Landellmills N，et al. Silver bullet or fools' gold？　A global review of markets for forest environmental services and their impact on the poor[J]. Silver Bullet Or Fools Gold A Global Review of Markets for Forest Environmental Services & Their Impact on the Poor，2002.

85　A. Bellver-Domingo，F. Hernández-Sancho，M. Molinos-Senante. A review of payment for Ecosystem Services for the economic internalization of environmental externalities：A water perspective [J]. Geoforum，2016，70：115-118.

类型：直接公共补偿、限额交易计划、私人直接补偿、生态产品认证计划等[86]。

　　PES 侧重于与水有关的生态系统服务，称为水生态系统服务支付（Payment for Water Ecosystem Services，PWS），PWS 涉及对流域的综合管理方法，旨在为利益相关者提供经济激励措施。Bellver-Domingo 等[85]查阅了与水生态系统服务功能可持续管理具体方面有关的文献，研究了采用庇古法开展水生态系统服务支付可能性。Bennett[87]等调查了美国 37 个涉及饮用水、污水处理和电力设施等公用事业公司的 PWS 项目，这些项目的主要目的大多是通过维护生态系统服务以及减轻负面生态影响以减少公用事业公司的环保运营成本。其中"过滤避免计划"采取的行动包括补偿农民和私人森林所有者采取的防止下游污染的最佳管理措施（BMPs），购买保护地役权，以及与美国林务局分享成本用于有利于水质的管理行动等；"点源污染抵消计划"通过购买减少农业等非点源污染的补偿，而不是直接处理点源污染来满足污染物削减义务，从而更具成本效益和环境利益。研究发现保护饮用水供应以及扶贫是 PWS 项目倡议的主要目标，而缺乏监测数据是将 PWS 干预措施与改善环境联系起来的主要障碍；还发现非营利组织通常充当重要的中介机构，促进了公用事业公司和土地所有者之间的交易。拉丁美洲一直是实施生态系统服务支付（PES）的先驱，Martin-Ortega[88]等对拉丁美洲水生态系统服务支付（PWS）文献进行了系统的汇编和审查，分析了 40 种不同方案中的 310 项 PWS 交易。该研究确认了一些普遍持有的观点，例如，森林砍伐和森林管理是正在进行的 PWS 计划的核心，以及非政府组织发挥了关键作用；提出了新观点，例如，买卖双方之间经常没有真正的讨价还价过程，也没有监督服务提供的合规性；并揭示了新的事实，例如，卖家的平均收益比买家的平均收益高出 60%，并且在很多情况下，支付服务的定义不明确。Matheus[89]等采用定量和定性的方法分析了巴西的三种水资源生态系统服务支付方案，发现非经济因素对确定参与 PES 的土地使用决策至关重要，获得信息被认为是农民加入 PES 计划的最重要的解释性因素，但没有得到应有的关注。此外，与更集中的治理方法相比，分散化和多层次的治理结构在建立信任方面更加有效。

86　孟浩，白杨，黄宇驰，等. 水源地生态补偿机制研究进展[J]. 中国人口·资源与环境，2012，22（10）：86-93.

87　Drew E. Bennett，Hannah Gosnell，Susan Lurie，et al. Utility engagement with payments for watershed services in the United States [J]. Ecosystem Services，2014，8：56-64.

88　Julia Martin-Ortega，Elena Ojea，Camille Roux. Payments for Water Ecosystem Services in Latin America：A literature review and conceptual model[J]. Ecosystem Services，2013，6：122-132.

89　Matheus A. Zanella，Christian Schleyer，Stijn Speelman. Why do farmers join Payments for Ecosystem Services（PES）schemes？　An Assessment of PES water scheme participation in Brazil[J]. Ecological Economics，2014，105：166-176.

1.3 饮用水水源地管理要求

综合整理《中华人民共和国水污染防治法》《广东省饮用水水源水质保护条例》等相关法律法规，《集中式饮用水水源地规范化建设环境保护技术要求》（HJ 773—2015）、《集中式饮用水水源地环境保护状况评估技术规范》（HJ 774—2015）、《集中式饮用水水源环境保护指南（试行）》（2012 年 3 月）等环境保护标准及文件，整理现有饮用水水源地管理制度对饮用水水源地建设的要求、对水源地内开发行为的限制，以及在污染源整治和日常监管工作等方面作出的规定及要求。

1.3.1 集中式饮用水水源地规范化建设规定

饮用水水源保护区是指依法在饮用水水源取水口附近划定的水域和陆域，包括地表水源保护区和地下水源保护区。饮用水水源保护区分一级保护区、二级保护区。必要时，可以在饮用水水源保护区外围划定一定的区域作为准保护区。

1.3.1.1 保护区的划定

饮用水水源保护区的划定，应当符合水环境功能区划。饮用水水源保护区依照《中华人民共和国水污染防治法》及其实施细则、《中华人民共和国水法》《中华人民共和国土地管理法》等有关规定及《饮用水水源保护区划分技术规范》（HJ 338）等技术规范划定，并予以公告。

1.3.1.2 保护区范围的界定

为便于开展日常环境管理工作，依据保护区划分的分析、计算结果，并结合水源保护区的周边地形、地标、地物等特点，明确各级保护区的界线。应充分利用具有永久性、固定性的明显标志如分水线、行政区界线、公路、铁路、桥梁、大型建筑物、水库大坝、水工建筑物、河流岔口、输电线、通信线等标示保护区界线，最终确定的各级保护区界线坐标图、表，作为政府部门审批的依据，也作为规划、国土、生态环境部门土地开发审批的依据。

1.3.1.3 保护区标志设置

地方各级人民政府应当在饮用水水源保护区的边界设立明确的地理界标和明显的警示标志。其中，界标设置应根据最终确定的各级保护区界限，充分考虑地形、地标、地物等特点，将界标设立于陆域界限的顶点处，在划定的陆域范围内，应根据环境管理需要，在人群活动及易见处（如交叉路口、绿地休闲区等）设立界标。宣传牌设置应根据实际情况，在适当的位置设立宣传牌，宣传牌的设置应符合《公共信息导向系统　设置原则与要求》（GB/T 15566）和《道路交通标志和标线》（GB 5768）。警示牌设在保护区的道路或航道的进入点及驶出点，在保护区范围内的主干道、高速公路等道路旁应每隔一定距离设置明显标志，穿越保护区及其附近的公路、桥梁等特殊路段加密设置警示牌。警示牌位置及内容应符合《道路交通标志和标线》（GB 5768）和《内河助航标志》（GB 5863）的相关规定。

1.3.1.4　隔离防护

在一级保护区周边人类活动频繁的区域设置隔离防护设施。保护区内有道路交通穿越的地表水饮用水水源地和潜水型地下水饮用水水源地，建设防撞护栏、事故导流槽和应急池等设施。穿越保护区的输油、输气管道采取防泄漏措施，必要时设置事故导流槽。

1.3.2　区内开发行为的限制性规定

围绕饮用水水源地水资源质量保护，杜绝环境污染对水质的影响，饮用水水源保护区管理制度分别对一级、二级和准保护区的环境管理要求进行分级规定。

1.3.2.1　一级保护区

地表水型饮用水水源一级保护区内：禁止新建、扩建与供水设施和保护水源无关的建设项目，禁止向水域排放污水，已设置的排污口一律拆除；不得设置与供水需要无关的码头，禁止停靠船舶；禁止堆置和存放工业废渣、城市垃圾、粪便和其他废物；禁止设置油库和储油罐；禁止从事种植、放养畜禽，禁止网箱养殖活动；禁止可能污染水源的旅游活动和其他活动。

1.3.2.2　二级保护区

地表水型饮用水水源二级保护区内禁止新建、改建、扩建向水体排放污染物的建设项目，已建成的排放污染物的建设项目，由县级以上人民政府责令拆除或者关闭。从事网箱养殖、旅游活动的应当按照规定采取措施，防止污染饮用水水体。禁止设立装卸垃圾、粪便、油类和有毒物品的码头。

1.3.2.3　准保护区

地表水型饮用水水源准保护区内禁止准保护区内新建、扩建对水体污染严重的建设项目，改建建设项目不得新增排污量；直接或间接向水域排放废水，必须符合国家及地方规定的废水排放标准，当排放总量不能保证保护区内水质满足规定的标准时，必须削减排污负荷。

1.3.3　保护区污染源整治要求

依据三种保护区不同的环境保护要求，对保护区内允许的排污设施、排污类型均有不同的要求，并要求依法拆除、关闭非法排污口。根据《集中式饮用水水源地环境保护状况评估技术规范》（HJ 774—2015），三种饮用水水源保护区所允许设置的主要排污设施如表 1-1 所示。

表 1-1 饮用水水源保护区内污染源管理要求一览表

保护区	工业源	生活源			农业源				其他		
	工业排污口	城镇生活污水排污口	农村生活垃圾无害化处理设施	农村生活污水集中处理排污口	规模化养殖场	分散式畜禽养殖	种植	网箱养殖	易溶性、有毒有害废弃物暂存或转运站	经济林	其他类型的建设项目
一级保护区	×	×	×	×	×	×	×	×	×	不得新增，原有逐步退出	× 除供水和保护水源有关的建设项目
二级保护区	×	√ 集中处理区外排放	√ 集中收集区外处置	√ 集中处理区外排放	×	实施生态养殖	实施科学种植	实施生态养殖	×	√	√ 除排放污染物的建设项目
准保护区	部分× 工业废水需集中处理后达标排放	√	√	√	√	√	√	√	×	√	√

注："×"表示禁止设置，对已有的采取依法拆除、关闭；"√"表示允许设置。

　　其中，饮用水水源二级保护区内点源、非点源、流动源的整治要求详细规定如下：

　　①对点源污染要求采取整治措施，依法拆除、关闭非法排污口，除表 1-1 所列允许设置排污设施外，其他点源污染整治要求如下：保护区内城镇生活污水经收集后引到保护区外处理排放，或全部收集到污水处理厂（设施），处理后引到保护区下游排放。保护区内城镇生活垃圾全部集中收集并在保护区外进行无害化处置。生活垃圾转运站采取防渗漏措施。

　　②二级保护区内非点源污染主要包括种植污染、分散式畜禽养殖、水产养殖、农村生活垃圾、农村生活污水。对于二级保护区内的农业种植、畜禽养殖、水产养殖均要求采取相应措施减少种养业、畜禽养殖对饮用水体的污染影响。具体整治要求如下：饮用水水源保护区内禁止使用剧毒和高残留农药；保护区内实行科学种植和非点源污染防治；保护区内分散式畜禽养殖废物全部资源化利用；保护区水域实施生态养殖，逐步减少网箱养殖总量；农村生活垃圾全部集中收集并进行无害化处置；居住人口大于或等于 1 000 人的区域，农村生活污水实行管网统一收集、集中处理；不足 1 000 人的，采用因地制宜的技术和工艺处理处置。

　　③流动源管理措施根据流动源的活动对饮用水体的可能影响而有不同。对饮用水体的潜在污染风险较大的流动源，将禁止通行；而污染风险较小的，须采取必要措施控制污染风险。其中，禁止设置从事危险化学品、油类、垃圾、粪便、煤、矿砂、水泥、有毒有害物品等装卸作业的码头；禁止设置水上加油站。禁止运输剧毒物品的车辆通行。禁止运输剧毒物品、危险废物以及国家规定禁止运输的其他危险化学品的船舶通行。其他允许通行的流动源管制措施：建立健全危险化学品运输管理制度。危险化学品运输采取限制运载重量和物资种类、限定行驶线路等管理措施，并完善应急处置设施。其他准许通行的船舶穿越保护区时，应当配备防溢、防渗、防漏、防散落设备，收集残油、废油、含油废水、生活污染物等废弃物的设施，以及船舶发生事故时防止污染水体的应急设备。保护区内运输危险化学品车辆及其他穿越保护区的流动源（如船舶等），利用全球定位系统等设备实时监控。

1.3.4　监测监控

1.3.4.1　常规监测

（1）监测断面设置

　　水质监测断面参考《地表水和污水监测技术规范》（HJ/T 91），其中，河流型饮用水水源应在取水口上游一级保护区、二级保护区水域边界至少各设置 1 个监测断面。湖泊、水库型饮用水水源应在取水口周边一级保护区、二级保护区水域边界至少各设置 1 个监测点位。

（2）监测指标

地表水常规监测指标为《地表水环境质量标准》（GB 3838）中表 1 基本项目和表 2 补充项目共 28 项指标（COD 除外，河流型水源不评价总氮）；湖泊、水库型饮用水水源应补充叶绿素 a 和透明度 2 项指标；全指标监测应为《地表水环境质量标准》（GB 3838）中表 1 基本项目（COD 除外）、表 2 补充项目和表 3 特定项目。

（3）监测频次

集中式饮用水水源应每月开展 1 次常规指标监测，地级以上城市需定期开展水质全分析，其中，环保重点城市、环境保护模范城市的饮用水水源应每年至少开展 1 次水质全分析。镇级（含街道）集中式饮用水水源应每季度开展 1 次常规指标监测，有条件的地方每年可开展 1 次全指标监测；农村或其他已确定保护区常年不存在污染源或风险源的地区，监测频次应按照国家或地方有关规定执行。

1.3.4.2　预警监控

要求在特定地点设置监测断面，采用自动（在线）监测方式，监控水源水质变化情况。其中，日供水规模超过 10 万 m³（含）的河流型水源地，预警监控断面设置在取水口上游如下位置：①两个小时及以上流程水域。②两个小时流程水域内的风险源汇入口。③跨省级及地市级行政区边界，并依据上游风险源的排放特征，优化监控指标和频次。潮汐河流，可依据取水口下游污染源分布及潮汐特征在取水口下游增加预警监控断面。日供水规模超过 20 万 m³（含）的湖泊、水库型水源地，预警监控断面设置在主要支流入湖泊、水库口的上游，设置要求同上。并依据上游风险源的排放特征，优化监控指标和频次。综合营养状态指数（TLI）大于 60 的湖泊、水库型水源开展"水华"预警监控。

1.3.4.3　视频监控

日供水规模超过 10 万 m³（含）的地表水饮用水水源地，在取水口、一级保护区及交通穿越的区域安装视频监控；在日供水规模超过 5 万 m³（含）的地下水饮用水水源地，在取水口和一级保护区区域安装视频监控。饮用水水源地视频监控系统与水厂和生态环境部门的监控系统平台实现数据共享。

1.3.5　风险防控与应急能力建设

1.3.5.1　风险防控

针对饮用水水源保护区及影响范围建立风险源名录和风险防控方案，建立风险源目标化档案管理模式，明确责任人和监管任务。风险源涉及范围：河流型水源为水源准保护区及上游 20 km、河道沿岸纵深 1 000 m 的区域；湖泊、水库型水源为准保护区或非点源污染汇入区域。未划定准保护区的水源地，范围为一、二级保护区（一级保护区）外的上述区域。

（1）固定风险源

饮用水水源周边工业企业应按照《危险化学品安全管理条例》《石油天然气管道保护法》等要求，定期对生产工艺、危险化学品管理、废水处置等重点环节进行自查。完善风险应急防控措施，防止污染物、泄漏物等排向外环境，编制风险防范应急预案，并开展演练活动。

生态环境部门应定期对固定风险源的生产工艺、危险化学品管理、废水处置等重点环节进行排查，对特殊风险单位，严格按照相应的应急管理指南开展风险排查和防范工作。生态环境部门应通过国家和地方组织的风险源调查工作，建立风险源档案，一源一档，实施动态分类管理。

（2）流动风险源

生态环境、公安、交通和海事等部门应根据职责，加强流动风险源管理，在水源保护区入口设置车辆检测点；责令流动源单位落实专业运输车辆、船舶和运输人员的资质要求和应急培训。运输人员应了解所运输物品的特性及其包装物、容器的使用要求，以及出现危险情况时的应急处置方法。在跨水体的路桥、管道周边建设围堰等应急防护措施，防止有毒有害物质泄漏进入水体，经常发生翻车（船）事故的路、桥和危险化学品运输码头，可采取改道、迁移等措施。

危险品运输工具应安装卫星定位装置，并根据运输物品的危险性采取相应的安全防护措施，配备必要的防护用品和应急救援器材。必要时可以限制车辆的运输路线和运输时段，严禁非法倾倒污染物。

（3）非点风险源

综合治理农业面源污染，限制养殖规模，提高种植、养殖的集约化经营和污染防治水平，禁用含磷洗涤剂，减少农药、化肥的使用量；分析地形、植被、地表径流的集水汇流特性、集水域范围等，合理调度水资源，保障水源的补给流量。

1.3.5.2　风险应急能力建设

（1）制定应急预案

饮用水水源地应有专项的应急预案，做到"一源一案"，按照生态环境保护主管部门要求备案并定期演练和修订预案。应急预案在应急体系建立中具有政策性、纲领性和指导性作用，应明确救援队伍、应急物资和专家技术支持等，使突发事件带来的危害降到最低。

编制饮用水水源应急预案体系应包括政府总体应急预案、饮用水突发环境事件应急预案、生态环境、水务、卫生等部门突发环境事件应急预案，风险源突发环境事件应急预案、连接水体防控工程技术方案、水源应急监测方案等。

建议形成生态环境、水利、城建、卫生、自然资源、应急、交通运输等多部门联动，不同省份、区域、流域间信息共享的跨界合作机制，共同确保水源安全。

地方政府应将水源突发事件应急准备金纳入地方财政预算，并提供一定的物资装备和技术保障。

（2）应急防护工程设施建设

优化与水源直接连接水体的供排水格局，布设风险防控措施。在地表水型饮用水水源上游、潮汐河流型水源的下游或准保护区以及地下水型水源补给区设置突发事件缓冲区，修建节制闸、拦污坝、导流渠、调水沟渠等防护工程设施。水源地周边高风险区域设置应急物资（装备）储备库及事故应急池等应急防护工程。

（3）建立风险评估机制

定期或不定期开展周边环境安全隐患排查及环境风险评估。建立饮用水水源风险评估机制，分析饮用水水源保护区外或与水源共处同一水文地质单元的工业污染源、垃圾填埋场及加油站等风险源对水源的影响，分级管理水源风险，严格管理和控制有毒有害物质。评估风险源发生泄漏事故或不正常排污对水源安全产生的风险，科学编制防控方案。

（4）建立供水安全保障机制

要加强备用水源和取供水应急互济管网的规划建设，当发生水质异常突发事件时，可通过备用水源或相邻水厂管道调水，保障供水安全；供水部门要指导和督促下辖的自来水厂完善水质应急处理设施和物资保障，强化进水水质深度处理能力。

（5）应急监测断面（井）

应按照《突发环境事件应急监测技术规范》（HJ 589）的有关规定执行，对固定源和流动污染源的监测应根据现场具体情况及产生污染物的不同工况（部位）或不同容器分别布设采样点。

河流型水源的应急监测应在事故发生地及其下游布置监测断面，同时在事故发生上游一定距离布设对照断面；湖库型水源的应急监测应以事故发生地为中心，按水流方向在一定间隔的扇形或圆形布点，并根据污染物特性在不同水层采样，同时在上游适当距离布设对照的断面；地下水型水源应急监测应以事故地点为中心，根据本地区地下水流向，采用网格法或辐射法布设监测井，同时在地下水主要补给来源，垂直于地下水流的上方向设置对照监测井。

在有突发性水源环境污染事件或水质较差时（如枯水期、冰封期、水文地质情况发生重大变化）应适当增加监测指标与频次，待摸清污染物变化规律后可减少采样频次。

（6）应急处置及事后管理

生态环境部门应多渠道收集影响或可能影响水源的突发事件信息，并按照《突发环境事件信息报告办法》等规定进行报告。突发事件发生后，应在政府的统一指挥下，各相关部门相互配合，完成应急工作。当发生跨界污染情况时，应由共同的上级部门现场指挥，地方部门协调、配合完成工作。立即开展应急监测，采取切断污染源头、控制污染水体等措施，第一时间发布信息，引导社会舆论，为突发事件处理营造稳定的外部环境。

突发事件发生并处理完毕后，应整理、归档该事件的相关资料。应急物资使用后，应按照应急物资类别妥善处理，跟踪监测水质情况，防止对水源造成二次污染。对重大或具有代表性的事件，要梳理事件发生和处置过程，利用影像资料和信息平台记录，结合相关模型模拟、再现事件发生演变过程，为事件的全面掌握提供资料。要吸取突发事件处理经验教训，形成书面总结报告。

1.3.6 管理制度完善

对饮用水水源地的日常管理包括建档，信息化管理平台建设运营，定期公开水源地相关信息，定期巡查，定期开展水源地环境状况评估等。

1.3.6.1 水源环境管理档案制度

县级以上生态环境部门应建立集中式饮用水水源环境管理档案，遵循"一源一档、同时建立、同步更新"的原则，按照饮用水水源基本情况、环境质量状况和环境管理情况分为三类，同时同步建立电子版和纸质版的环境档案。

定期向社会公布水源水质达标情况，保护区内被取缔、被停产限期整顿的排污企业名称和位置，以及限期整治的企业名单。

1.3.6.2 水源保护区环境监察管理制度

（1）监察内容

建立饮用水水源保护区环境监察管理制度，按照"属地管理，各负其责"的原则，人民政府有关行政主管部门按照环境监察要求，通过定期巡查、突击巡查、专项巡查和重点巡查等方式，监视水源保护区内的饮用水、水域、水工程及其他设施的变化状况，掌握工程的安全情况，检查饮用水安全应急预案制定情况，查处各类水事违法案件。

（2）部门分工

县级以上人民政府有关行政主管部门，应当按照下列职责分工，做好饮用水水源水质保护的监督管理工作：①规划行政主管部门应当做好饮用水水源保护区的规划管理工作；②建设行政主管部门或者人民政府确定的行政主管部门应当加强城镇供水设施的建设和保护，以及城镇生活污水和生活垃圾处理设施的建设和管理，优化供水布局；③国土行政主管部门应当优先安排饮用水水源保护工程用地，并依法及时查处饮用水水源保护区内违法用地的行为；④水行政主管部门应当合理配置水资源，维护水体自净能力，会同国土、林业等行政主管部门做好饮用水水源保护有关的水土保持工作；⑤公安部门应当加强对运输剧毒、危险化学品的管理；⑥海事管理机构应当加强对船舶和水上浮动设施污染的防治和监督管理；⑦渔业行政主管部门应当加强渔业船舶和水产养殖业对水质污染的防治；⑧农业行政主管部门应当加强对种植业、畜禽养殖业的监督管理，控制农药、化肥、农膜、畜禽粪便对饮用水水源的污染；⑨林业行政主管部门应当加强对饮用水水源涵养林等植被的保护和管理，做好饮用水水源湿地保护的组织协调工作；⑩卫生行政主管部门应当加强对生活饮用水水质卫生质量的监督、监测。其他有关行政主管部门应当按照各自职责，做好饮用水水源水质保护工作。

1.3.6.3　水源地环境状况评估制度

县级及以上生态环境部门应建立饮用水水源保护区评估制度，对水源所在地的基础环境状况、水质情况、污染源信息以及环境管理情况进行自评估，对存在问题的水源，应有针对性地提出整改措施。评估结果反馈保护区所在政府及生态环境部门，同时报省级生态环境部门备案。

1.3.6.4　水源水质污染风险应急机制

《广东省饮用水水源水质保护条例》有关饮用水水源水质污染风险应急的规定如下：①县级以上人民政府应当制定本行政区域内饮用水水源水质污染事故应急预案。饮用水水源受到严重污染、威胁供水安全等紧急情况时，当地人民政府应当立即启动应急预案，保证供水安全。②发生事故或者其他突发性事件造成或者可能造成饮用水水源污染的，责任者应当立即采取消除或者减轻污染的措施，并报告当地人民政府生态环境行政主管部门和有关行政主管部门。接到报告的行政主管部门应当按照国家和省的有关规定采取应急措施及时处理。排污单位在发生事故或者其他突发性事件后拒不停止排放污染物的，人民政府生态环境行政主管部门应当依法采取措施，及时制止排放污染物。③经批准在饮用水水源保护区内设置取水口的单位，应当经常对饮用水水源保护区进行巡查，发现污染或者可能污染饮用水水源的行为或者水质出现异常时，应当立即向当地人民政府生态环境行政主管部门报告；生态环境行政主管部门接到报告后，应当及时组织、协调相关行政主管部门调查处理。

第 2 章

饮用水水源地生态补偿实践经验

2.1 国外实践经验

国外的生态补偿实践开展得比较早，在生态补偿实践中积累了丰富的经验。虽然不同的国家对生态补偿的做法各有侧重，但国际上很多流域或水源地生态补偿的成功经验值得我国相关研究与实践借鉴[90-93]。

2.1.1 美国纽约市政府饮用水水源补偿计划

纽约市 90%的饮用水水源来自距离该市 200 km 的特拉华州的乡村，那里有 7 万多人和 300 多个奶牛场。1989 年，美国颁布饮用水新法律，要求饮用水要经过过滤或实施微生物含量最小化的水域管理计划。为避免高达 70 亿～90 亿美元的过滤厂建设费用支出，1992年，纽约市政府向特拉华州水源地支付城市污水处理厂、供水设施和水坝改建费用 4.7 亿美元；与水源地农民和森林所有者达成生态补偿协议。该协议规定水源地中采用最佳生产模式（不破坏水源水质）的奶农和森林经营者可获得 400 万美元的补偿金，约 85%的农民和水源环境相关方参加了该项计划。

2.1.2 法国威泰尔矿泉水公司水源地补偿项目

位于法国东北部的莱茵河—默兹河是当地天然矿泉水工厂的水源，但在 20 世纪 80 年代后，由于受到当地农业活动的严重影响，莱茵河—默兹河水质日益恶化，依赖该水源的

90　Perrot Maitre D，Davis P. Case studies of markets and innovative financial mechanism for water services from forests[R]. American Journal of Human Biology，2001，1（2）：18-59.

91　高彤，杨姝影. 国际生态补偿政策对中国的借鉴意义[J]. 环境保护，2006（10A）：71-76.

92　万本太，邹首民，李远，等. 走向实践的生态补偿——案例分析与探索[M]. 北京：中国环境科学出版社，2008.

93　赵玉山，朱桂香. 国外流域生态补偿的实践模式及对中国的借鉴意义[J]. 世界农业，2008（4）：14-17.

天然矿泉水公司必须采取新建过滤设施或者迁移到新的水源地的措施来解决水质恶化的问题，但新建过滤设施或建立新水源的成本很高。而威泰尔矿泉水公司采取了保护原有水源地这种成本相对较低的方式来解决水质恶化的问题。威泰尔矿泉水公司投资约 900 万美元在水源地以高于市场价格购买了 1 500 hm² 土地，其后，将上述土地的使用权无偿返还给愿意改进经营措施的农户；与 40 多个当地的农场主（拥有约 1 万 hm² 水源地内土地）签订了生产经营方式改变生态保护补偿合同，以 320 美元/hm² 的价格补偿当地农民因保护水源而转变生产方式和使用新技术带来的风险；其外，威泰尔公司还向农场提供免费的技术支持，并为新的农场设施购置和现代化农场建设支付费用（威泰尔公司在合同期内拥有这些建筑和设备的所有权并有权监督他们的合理使用）。在项目实施的前 7 年，威泰尔公司共投入 2 450 万美元。此外，法国国家农艺研究所投入了约 20% 的研究费用，法国水管理部门为改进动物的废物处理投入了 30% 的费用。由于补偿资金达到了农场可支配收入的75% 以上，极大激励了当地农民保护水源的积极性，使威泰尔公司的水源地保护项目取得了很好的效果和极大的经济效益，并使这种模式得到了推广。

2.1.3 德国易北河水源地跨国生态补偿协议

在德国，流域生态补偿实践中最为著名的案例是易北河的生态补偿政策。欧洲中部的易北河上游位于捷克，中下游位于德国。20 世纪 80 年代前，易北河由于两岸的工业快速发展，水环境污染严重。为了改善易北河水质，德国和捷克达成了共同治理易北河的双边协议，由德国政府购买捷克易北河上游的生态系统服务。

根据双方的协议，由德国提供大部分资金，两国在易北河流域建立了多达上百个国家公园、自然保护区，并禁止在保护区内从事影响生态保护的活动；在流域整治的过程中，德国通过财政贷款、研究津贴、排污费和下游对上游的经济补偿等多种途径来筹集资金和经费。仅在 2000 年，德国就给捷克提供了 900 万马克，用于在捷克与德国交界建设城市污水处理厂。经过两国的共同整治，易北河的水质得到了明显好转，甚至已基本达到了饮用水标准，创造了较大的经济效益、社会效益和生态效益。

2.1.4 哥斯达黎加水电公司水源生态服务补偿项目

在哥斯达黎加水电公司对上游植树造林的资助是比较典型的流域生态服务补偿模式，该公司按照 18 美元/hm² 的标准向国家林业基金交纳补偿金，而该国政府在此基础上补贴30 美元/hm²，再支付现金给上游的土地所有者，以鼓励这些土地所有者开展流域生态环境保护建设。这种企业与政府共同对生态环境保护贡献者进行补偿的方式在当地的流域生态环境保护方面取得了良好的效果。

2.1.5　巴西巴拉那州消费税定额支付水源生态补偿计划

1991 年，巴西巴拉那州议会通过一项法律，要求从商品和服务消费税收入中拿出 5% 作为生态保护支出，其中 2.5% 分配给那些拥有水源的地区，作为对饮用水水源保护的机会成本的补偿。巴西巴拉那州饮用水水源保护补偿资金的分配取决于州内各地参与水源保护活动的面积。由于参与水源保护计划的成本较低，只有 3.2 万美元，因此各地纷纷参与该政策，促使该州饮用水水源地保护区面积增加了 9 倍。其后，巴西其他一些州也参考和采纳了这一模式，例如米纳斯吉拉斯州在 1996 年启动该政策，将 380 万美元分配给 97 个保护区，提高占人口一半以上的城市和地区的污水处理能力，对饮用水水源水质改善起到了极大的促进作用。

2.2　国内实践经验

2.2.1　福建省饮用水水源地生态补偿试点

2.2.1.1　省级水源地生态补偿试点

2003 年，福建省在全省选择了 10 个水库开展水源地水土保持生态建设试点，并试点饮用水水源地生态补偿制度[94]。福建省饮用水水源地生态补偿制度采取"谁受益、谁出钱"的原则，从试点水库水费收入中按照一定比例提取资金，作为饮用水水源地生态补偿资金。泉州山美和龙门滩、南平东风水库从水电收入中提取了一定资金作为水土保持生态建设经费，初步建立起生态补偿机制；莆田东圳水库、泉州石壁水库拟进一步与物价部门沟通，通过从提高原水费收入中提取部分资金作为生态补偿。三明市从每吨自来水费中提取 2 分钱，作为东牙溪水库的生态建设经费。该资金主要用于水源地生态屏障建设、农用地综合治理、生态缓冲带保护以及人居环境整治等与水源地保护相关的领域。

2.2.1.2　北溪水源地跨市横向生态补偿

2015 年 1 月 28 日，福建省人民政府印发《福建省重点流域生态补偿办法》（闽政〔2015〕4 号），该文件规定"对九龙江北溪引水工程向厦门市供水部分，按 0.1 元/m³ 向厦门市征收水资源费，作为流域生态补偿金单列分配给漳州市用于北溪水源地保护"，这一部分实际上是厦门市对漳州市的饮用水水源地横向生态补偿。

2.2.1.3　莆田市饮用水水源地生态补偿

莆田市人民政府 2011 年印发《莆田市饮用水水源保护区生态补偿实施意见》，成立

---

94 黄东风，李卫华，范平，等. 闽江、九龙江等流域生态补偿机制与实践[C]. 第三届全国农业环境科学学术研讨会论文集，2009：1053-1059.

以分管副市长为组长的饮用水水源保护区生态补偿工作领导小组，设立莆田市饮用水水源保护生态补偿资金。资金来源：一是从水费或水资源费中划出部分资金，由水库（河流）管理单位向供水企业收取，在每季度的第一个月 10 日前把筹集的资金汇入市生态补偿资金专户；二是市、县区财政年度预算，市、县区财政按 5∶5 的比例进行分摊。市财政要在每年 6 月底前把资金转入市饮用水水源保护生态补偿资金专户，县区财政承担部分分别由仙游县、荔城区、涵江区、城厢区和秀屿区政府各分摊 10%，每年 6 月底前把分摊的资金汇入市饮用水水源保护生态补偿资金专户，逾期由市财政直接扣款。三是争取上级财政补助和社会捐助。其适用范围为城市及县城生活饮用水水源保护区，包括东圳水库、外度水库、金钟水库、双溪口水库、东溪水库、古洋水库、东方红水库等 7 个水库饮用水水源保护区。

2015 年 7 月，莆田市总结饮用水水源地生态补偿经验，修订后印发了《莆田市饮用水水源保护区生态补偿实施意见》（莆政综〔2015〕77 号）。新修订的生态补偿机制坚持"谁保护谁得益""谁贡献大谁多得益""谁受益谁补偿"以及"总量控制有奖有罚"的原则，按照上一年度全市财政总收入的 3‰、由市、县（区）及北岸分摊筹措资金。以各水库的 COD、总氮、总磷三项指标为考核指标，乘以相应考核系数分配生态补偿资金，重点用于饮用水水源地植树造林、生态修复、水土保持等生态保护工程及运行维护等范围。

自 2011 年起莆田市建立饮用水水源地生态补偿机制以来，至 2017 年年底已累计下拨生态补偿资金约 3.8 亿元，饮用水水源地保护和生态修复工作得到有效推进，切实保障了饮用水水源安全。

2.2.2 浙江省内各地饮用水水源地生态补偿自主探索

浙江省饮用水水源地生态补偿实践探索具有以下几个特点：其一是自下而上探索，以地方自主探索为主；其二是生态补偿方式多样，包括自愿协议补偿、异地开发、水权交易等。2004 年 9 月，金华江下游的金华市傅村镇政府与上游的源东乡政府签订资源生态补偿协议，该协议规定傅村镇每年向源东乡支付 5 万元，作为对源东乡保护和治理生态环境以及因此造成财政收入减少的补偿。易地开发生态补偿主要发生在金华市与磐安县之间。婺江下游的金华市为解决上游磐安县的经济发展落后问题，在金华市工业园区内建立 2 000 多亩的"金磐扶贫经济技术开发区"，作为磐安县的"飞地"，开发区所得税收返还给磐安县，作为对水源区因保护水源发展权受到限制的补偿。2002 年，金磐扶贫经济技术开发区的税收收入共 403 万元，占磐安县全部税收收入的 1/4。绍兴县和上虞市交界的汤浦水库是虞绍平原唯一的饮用水水源，两市因此开展了水权交易的生态补偿。2004 年，绍兴市和慈溪市签订供水合同，2005—2022 年的 18 年中，绍兴市向慈溪市供水 12 亿 m³，而慈溪市则向绍兴市支付 7 亿元的水源地保护补偿资金。

2011 年 12 月公布实施的《浙江省饮用水水源保护条例》提出："县级以上人民政府应当通过设立饮用水水源保护生态补偿专项资金、财政转移支付、区域协作等方式，建立健全饮用水水源生态保护补偿机制，逐步加大对饮用水水源地的经济补偿力度，促进饮用水水源地和其他地区的协调发展。"鼓励全省各地开展饮用水水源地生态补偿。浙江省内一些地市纷纷开展各有特色的饮用水水源地生态补偿实践探索，具体情况如下。

2.2.2.1　宁波市水资源保护区生态补偿[95]

2006 年，宁波市政府出台《关于建立健全生态补偿机制的指导意见》，宁波市围绕建设水资源保护区生态补偿机制。一是建立了水环境整治与保护专项资金。优先建设水源地公益性项目，如环境整治、污染源专项治理和垃圾、污水、镇村级公共设施建设补偿等。将水价中所含 0.10 元/m³ 的水环境整治与保护费专项用于五大水库上游水环境治理和经济补偿。二是实行用水城区与供水库区挂钩结对扶持政策。通过市属 9 个城区与白溪水库等市级水源地 10 个乡镇挂钩结对办法，2013 年开始标准升至按库区人口 5 000 人以下每年不低于 100 万元、5 000 人以上每年不低于 150 万元的标准。三是实施库区生态公益林（水源涵养林）补助。市级补助标准逐步从 7 元/亩提高到 100 元/亩，其中五大水库库区水源涵养林市级财政从水源保护专项资金中安排 5～10 元/亩。四是积极开展下山移民工程，由市财政每年安排下山移民补助资金 1 200 万元，鼓励水源涵养保护区内的农民下移，改善生活条件。

2.2.2.2　绍兴市汤浦水库水源保护区生态补偿

绍兴汤浦水库饮用水水源保护区惠及绍虞平原 300 余万人民，是绍兴最大的饮用水水源保护区。绍兴市分别于 2000 年、2004 年出台《绍兴市汤浦水库水源环境保护办法》和《绍兴市汤浦水库水源环境保护专项资金管理暂行办法》，实施汤浦水库水源环境保护生态补偿制度。2004 年，《绍兴市汤浦水库水源环境保护专项资金管理暂行办法》提出，在小舜江上游设立汤浦水库水源环境保护专项资金，从水费中提取一定比例资金补助上游。从最初的 0.015 元/t，到 2006 年末的 0.035 元/t，市级财政每年统筹安排水源环境保护专项资金不低于 1 000 万元。截至 2015 年，已累计补助资金 8 041.2 万元，2016 年的专项资金增加到近 1 900 万元。两个文件又分别于 2010 年和 2012 年进行了修订。2015 年，绍兴市再次修订后印发《绍兴市汤浦水库水源保护区生态补偿专项资金管理办法》，将绍兴市汤浦水库水源环境保护专项资金变更为绍兴市汤浦水库水源保护区生态补偿专项资金，并详细规定了专项资金的来源及使用范围、专项资金核算和拨付程序、专项资金管理职责等内容。2019 年，绍兴市人民政府办公室关于印发《汤浦水库和平水江水库生态补偿资金提升方案》，将汤浦水库生态补偿资金提高到 7 900 万元/a，平水江水库生态补偿资金

---

95 王文成. 宁波市饮用水源地生态补偿现状及问题分析[J]. 浙江农业科学，2016，57（3）：419-423.

提高到 600 万元/a，合计 8 500 万元/a，用于水源保护区的环境管理、生态保护和群众生活生产。

2.2.2.3 金华市饮用水水源涵养生态功能区生态补偿

金华市饮用水水源涵养生态功能区是 70 多万市民的饮用水水源地。从 2010 年开始实行三年一轮的生态补偿办法以来，生态功能区组织实施生态补偿资金项目 375 个，安排资金 1.08 亿元，饮用水水源水质已连续 10 年保持达标率 100%。2016 年出台了新一轮《金华市区饮用水水源涵养生态功能区生态补偿专项资金使用管理办法》，重点修订了资金筹集和使用范围，每年的资金安排从 3 550 万元提高到 8 000 万元，重点用于功能区移民搬迁、试点"光伏进农村"扶贫项目。

生态补偿资金的筹集按照"谁受益，谁承担，市、区分级负担"的原则，每年筹集 8 000 万元。具体包括三个部分：市财政筹集 4 000 万元，各区财政筹集 2 400 万元，受益公司筹集 1 600 万元。整合农办、民政、建设、水利、农业、林业、生态环境等部门资金，向功能区倾斜。鼓励社会资金、慈善资金等支持功能区建设保护工作。生态补偿资金主要用于水源环境保护补助、公益性补助、生态修复和保护项目、创业扶贫项目以及必要的工作管理经费等。

2019 年，金华市林业局关于《金华市区饮用水水源涵养生态功能区生态补偿专项资金使用管理办法（2019—2021 年）》进行公示，该公示的办法修订了资金筹集、使用范围和补偿标准，2019—2021 年每年筹集 1.2 亿元，具体增加的部分为历年结余资金每年安排 4 000 万元。使用范围没有再涵盖创业扶贫项目，对生态修复和保护项目资金补助的范围进行了扩展，增加了高科技系统或产品使用补助、开展自然保护区、森林公园创建补助和生态有机农业园区创建补助。年度水源环境保护补助资金提高至功能区范围有关乡镇集雨面积每亩 3.5 元、每人 109 元，村级公益事业补助标准也有所提高。

2.2.2.4 嘉兴市饮用水水源地保护生态补偿

（1）嘉兴市市区饮用水水源地保护生态补偿

嘉兴市根据饮用水水源环境保护标准，逐步建立责权利相一致、规范有效的市区饮用水水源地生态补偿机制。其市区饮用水水源地生态补偿的范围为市区贯泾港水厂饮用水水源保护区、石臼漾水厂饮用水水源保护区。其市、区财政设立市、区饮用水水源地保护专项资金，遵循"多元筹资、定向补偿"的原则，对贯泾港水厂水源保护区、石臼漾水厂水源保护区市区范围内的镇（街道）、村（社区）、所在地的单位及居民在饮用水水源生态环境保护工作中做出的贡献和付出的额外成本给予适当补偿。

嘉兴市财政每年安排 3 000 万元专项生态补助资金，分定额补助（镇、街道财力补偿）和定项补助（生态保护项目投入补助）两种形式。其中每年安排定额补助资金 600 万元，通过转移支付方式拨付到区财政，由区财政根据实际情况经过分配连同配套补助资金一并拨付给受补偿镇（街道）财政；安排定项补助资金 2 400 万元（上限），由区生态环境局和区财政局根据补偿标准，对补偿对象、补偿额度及项目的实际投资情况进行审核签署意见后，报市生态环境局和市财政局审定，补助资金由市财政直接拨付到项目实施单位并由区财政按 1∶1 的比例配套。

（2）海盐县千亩荡饮用水水源地保护生态补偿

海盐县 2016 年起实施千亩荡饮用水水源地生态补偿。生态补偿的范围为千亩荡饮用水水源地保护区。对水源保护区镇、村（社区）、所在地的单位在饮用水水源生态环境保护工作中做出的贡献和付出的额外成本给予适当补偿。县财政设立专项生态补助资金，资金来源为水资源费、排污费、公共财政预算。

生态补偿金使用分专项补助、绩效补偿两部分。其中，专项补助是为推进千亩荡水源地保护工作开展专项整治，对保护区内镇村按相关政策给予的一次性补助。补助标准：依据《海盐县 2014 年千亩荡饮用水水源二级保护区污染整治行动方案》《关于 2014 年饮用水水源保护区污染整治工作有关补助政策的专题会议纪要》等其他专项整治政策文件。绩效补偿是对保护区内镇、村（社区）因开展水源地保护工作所投入的人力、物力、财力的补偿，由镇政府统筹用于开展水源地保护支出，弥补镇村集体资产（土地）闲置损失、改善保护区生态环境、开展保护工作等支出。绩效补偿实行因素分配法，分配因素包括一、二级保护区总面积、保护工作完成情况、水质状况。绩效补偿金总额 260 万元，具体以划定的一、二级保护区总面积作为基准核定补偿金基数，沈荡镇 190 万元，百步镇 15 万元，于城镇 55 万元，各镇在完成部门下达的保护工作任务、确保水源水质的情况下由县财政给予生态补偿，补偿金的具体数额根据工作考核和水质考核结果浮动，如发生重大水源污染事故的取消补偿。

2.2.2.5　温州市饮用水水源地生态补偿

（1）温州市市级饮用水水源地保护专项补偿

2011 年，温州市出台《温州市生态补偿专项资金使用管理办法》（温政办〔2011〕48号），明确生态补偿专项资金目前重点支持珊溪（赵山渡）水库和泽雅水库集雨区生态补偿，每年安排 500 万元用于珊溪（赵山渡）水库和泽雅水库集雨区范围内的新造林和原有低效生态公益林的补植改造及迹地更新。并将库区群众生活补偿逐步纳入生态补偿专项资金使用范围，即 2011 年开始，将珊溪（赵山渡）水库和泽雅水库饮用水水源保护区涉及行政村群众的新型农村合作医疗保险纳入生态补偿专项资金使用范围。温州市环保局将会同珊溪水利枢纽管理局、水利局加强对各主要支流交界断面水质的监测，并根据各主要支流交界断面水质的监测结果进行年度考核。与上年度监测结果比较，Ⅱ类及Ⅱ类以上支流保持原级别的，Ⅲ类及Ⅲ类以下的支流每提高一个级别的，给予增加补助 50 万元；每条支流每降低一个级别的，扣罚补助 50 万元。

2016 年上半年，温州市审计局对温州市本级饮用水水源保护情况专项审计调查中，发现市级水源保护资金使用效率不高、生态补偿机制不健全等问题。2016 年 12 月，温州市颁布实施《温州市级饮用水水源地保护专项补偿资金管理办法》，该办法对专项资金筹集、分配、使用等方面作了具体的规定，专项资金的筹集和使用实行政府主导，由市人民政府筹集后向市级饮用水水源地所在的县级人民政府财政转移支付，并把水费提取作为专项资金的筹集主渠道，实行水量水价和专项资金量联动机制。专项资金年度分配总额度由市财政局根据专项资金来源筹集情况一年一定。专项资金由当地政府统筹安排用于市级饮用水水源地水质保护、污染治理、污水收集和处理设施建设运维、森林抚育、水域保洁及其他水源保护方面支出。同时，该办法还明确加大考核力度，市政府对水源地县级政府落实水源地保护责任进行年度考核，结合考核结果，实行奖罚；市审计局定期对专项资金的使用情况进行绩效审计。

（2）温州市平阳县五十丈饮用水水源地生态补偿

五十丈饮用水水源地是温州市平阳县引供水工程取水点，服务范围为水头、麻步、萧江、鳌江等地区，服务人口为 30 多万人。平阳县 2016 年发布实施了《平阳县五十丈饮用水水源地生态补偿暂行办法》。五十丈饮用水水源地生态补偿地区范围为水源地一、二级保护区和集雨区范围。根据现有取水点位置，具体补偿地区范围为：顺溪镇和青街乡全部辖区，怀溪镇晓阳村、上双岙村、徐垟村、岳溪村、下岭头村，南雁镇五十丈村、前山村、迢岩村、周岙村、三兴村、双旺村、堂基村、雁峰村。

五十丈饮用水水源地生态补偿资金由县财政每年预算安排资金 800 万元。生态补偿资金分配根据每个乡镇设置资金基数 100 万元，其余资金按照下述方法计算分配。①户籍人口数分配权重为 50%。根据县公安局确认的有关乡镇受补偿区域的户籍人口数占五十丈饮用水水源地补偿范围的户籍人口总数的比例计算。②流域面积分配权重为 30%。根据县水利局确认的有关乡镇受补偿区域的流域面积占五十丈饮用水水源地补偿范围流域总面积的比例计算。③市级以上生态公益林面积分配权重为 20%。根据县林业局确认的有关乡镇受补偿区域的市级以上生态公益林面积占五十丈饮用水水源地补偿范围市级以上生态公益林总面积的比例计算。

生态补偿专项资金由乡镇人民政府统筹安排，专款专用。主要用于区域内环境保护工作的支出和扶持当地生态型、环保型产业的发展。重点支持改善水环境质量、环保基础设施建设、农村生活垃圾集中收集处置、生态创建、畜禽养殖场关闭搬迁和整治提升、生态环境保护和治理、水源地保护、生态宣传以及各种公益性污染物治理设施运行维护管理等环境保护工作。

实施生态补偿乡镇考核，考核结果作为安排生态补偿资金的重要依据。县环保局在生态补偿乡镇设置水质监测站位，加强水质监测并进行年度考核。根据需要设置 5 个考核站位,分别是入境断面福全底、南雁镇五十丈水源地坝内、顺溪镇与南雁镇交界处(堂基村)、怀溪镇岳溪村与南雁交界、青街乡垟心村。主要监测高锰酸盐指数、氨氮、总磷三个指标。每季度首月 15 日作为考核取水样基准日,考核取全年平均值。年度水质监测均值达到水环境功能区水质要求的,给予该乡镇人民政府全额生态补偿资金;排除入境断面水质影响,乡镇年度水质监测均值不能达到功能区要求的,若是首个年度不达标,给予全额补偿金的50%。若连续年度不达标,则以补偿资金的 50% 为基数,水质较上年提升的,每个提升指标给予增加全额补偿资金 10%;水质较上年恶化的,每个恶化指标扣罚补偿资金 10%,依此类推。辖区内发生较大环境污染和生态破坏责任事故的,取消当年所有生态补偿资金。本年度扣罚的生态补偿资金累加到下年度生态补偿资金中,作为基数使用。

2.2.2.6　诸暨市实施饮用水水源区域生态直补

2013 年下半年,诸暨市出台了《关于对饮用水水源区域实行生态补偿的实施意见》,率先对饮用水水源区域实行生态直补。生态保护补偿区域为诸暨市行政区域内由市水务集团统一纳入全市城乡公共管网供水的饮用水水源保护地,具体包括陈蔡水库、征天水库、青山水库、幸福水库、上游水库、石壁水库等饮用水水源集雨面积内的行政村(自然村);今后新纳入全市城乡公共管网供水的饮用水水源水库及所涉区域集雨面积内的行政村(自然村)自动纳入生态保护补偿区域。补偿对象为上述行政村(自然村)的农户。其中,饮用水水源水库由市水务集团确定;集雨面积区域由市水利水电局确定;生态保护补偿对象由市农办确定。补偿对象为饮用水水源生态保护区的在册农户,并以每年 6 月 30 日为界,6 月 30 日前立户的全额补偿,6 月 30 日后立户的减半补偿,6 月 30 日前销户的减半补偿,6 月 30 日后销户的全额补偿。

以 2013 年 5 月 1 日调整供水价格之日起各水库向水务集团实际供水量的 90% 提取0.219 元/m³ 的工程水价中的 0.084 元/m³ 作为饮用水水源区域的生态直补资金,由水务集团按月结算并缴入财政生态补偿基金账户。饮用水区域生态保护补偿按照本区域内饮用水库取(用)水量多少实行差异化补助,每年根据取(用)水量的多少予以调整。对纳入市生态保护区域内的农户的直接补偿,由市农办负责。每年 11 月底前确定补偿对象,相关镇乡经公示后上报市农办;市农办审核后,会同市发改局、财政局、水务集团确定补偿标准,拨付资金。

2.2.3　广东省部分地市率先探索饮用水水源地生态补偿

2.2.3.1　珠海市饮用水水源地生态补偿

珠海市的饮用水水源地生态补偿制度由两部分构成:《珠海市饮用水水源保护区扶持激励办法》和《莲洲镇生态保护补偿财政转移支付方案》。

早在 2009 年 10 月,珠海市人民政府办公室印发了《关于印发珠海市饮用水水源保护区扶持激励办法（试行）的通知》（珠府〔2009〕142 号），建立了饮用水水源地生态补偿机制。随后，在 2011 年和 2015 年分别进行了修订，于 2015 年 2 月颁布《珠海市饮用水水源保护区扶持激励办法》（珠府〔2015〕13 号）。珠海市饮用水水源地生态补偿的对象为斗门区一、二级河水饮用水水源保护区辖区户籍参加社会保险或领取社会保险待遇人员。生态补偿资金的总额度为 8 500 万元，其中 7 500 万元为补偿性部分，1 000 万元为激励性部分（表 2-1）。生态补偿资金采用市区共同筹资的机制，按规定的比例筹集，资金使用按照"总额包干，滚存使用"的原则。

表 2-1　2013 年珠海市饮用水水源地生态补偿资金筹集情况

出资主体	市财政	香洲区	横琴新区	金湾区	斗门区	高新区	保税区	高栏港区	合计
出资比例/%	31.6	13.5	2.0	11.7	20.8	7.5	0.8	12.1	100
出资金额/万元	2 685	1 151	167	996	1 765	639	68	1 029	8 500

注：综合考虑国、地税分成及其他事权负担，珠海市与香洲区按 7：3 分摊出资。

扶持资金分两部分，其中 7 500 万元为补偿性部分，1 000 万元为激励性部分。市财政局在年初人大批准财政预算方案后通知各区将当年应负担的扶持资金上缴。资金汇集完毕后，市财政局在 1 个月内将扶持资金补偿性部分拨付给斗门区。扶持资金激励性部分由市财政局根据各相关市级业务主管部门对水源保护区上一年度相关工作考核结果计算出应拨金额，于当年上半年拨付给斗门区。结余部分滚存到下一年使用。扶持资金的使用实行专款专用、专项管理。社保扶持资金由斗门区政府负责核实发放。斗门区每年对资金发放、水源保护等情况进行自评和总结，市各有关主管部门每年对水源保护相关工作及专项资金的使用情况进行总结，由市海洋农业水务局汇总并报市政府。

莲洲镇是珠海市重要的生态保护区域，饮用水水源保护区和基本农田保护区覆盖了该镇大部分区域，该镇工业发展受到限制。为支持莲洲镇发展，增强其提供基本公共服务的能力，有效调动其保护生态环境的积极性，2016 年 12 月 22 日珠海市财政局出台《莲洲镇生态保护补偿财政转移支付方案》，按照"谁受益、谁付费"原则，市级财政和各区财政每年筹集 4 980 万元转移支付给莲洲镇。市本级和各区（功能区）财政共同出资设立生态保护补偿专项资金对莲洲镇实施补偿，包括补偿性资金和激励性资金两部分（表 2-2）。莲洲镇生态保护补偿专项资金中的补偿性资金每年年初由市财政先行下拨给斗门区，各区应负担部分通过年终财政体制结算上解；激励性资金根据市级业务主管部门对该区域上年度的生态保护和社会建设考核结果计算出补偿金额后，由市财政全额安排资金一次性下拨。

表 2-2　莲洲镇生态保护补偿专项资金出资情况表　　　　　　　　单位：万元

补偿性部分（除斗门外各区分担）	激励性部分（市财政负责）	莲洲镇生态保护补偿专项资金	市本级及各区财政出资情况							
			全市合计	市本级	香洲区	金湾区	万山区	横琴新区	高栏港区	高新区
A	$B=A\times60\%\times(1+10\%)$	$C=A+B$	$D=E+F+G+H+I+J+K$	E	F	G	H	I	J	K
3 000	1 980	4 980	4 980	1 980	832	462	68	909	411	318

注：1. 市本级财政出资部分为生态保护专项资金中的激励性部分；
　　2. 表中补偿性部分根据 2015 年莲洲镇财政收支缺口和各区彩礼状况综合考虑核定；
　　3. 各区出资数额是参考 2015 年决算数（剔除斗门区），各区公共财政预算收入占所有区级公共财政预算收入合计数的比重研定。

　　莲洲镇生态保护补偿专项资金中补偿性资金用于弥补该镇教育、社保、农业、卫生等基本民生支出缺口，保障基本民生需求。激励性资金主要用于该镇生态环境保护、提高民生支出水平、发展生态农业、发展生态旅游业以及其他社会管理方面，其目的是通过激励性的资金投入，调动莲洲镇积极性，加大生态保护力度。

　　珠海市建立了饮用水水源地生态补偿资金考核办法，保障资金使用效率。每年市海洋农业水务局牵头组织市财政局、人力资源社会保障局、环保局、市政林业局等相关部门，根据自身职能对水源保护区上一年度饮用水水源保护及扶持资金发放情况等相关工作进行跟踪监督，并进行考核评价。考核指标主要包括扶持激励资金使用、城乡居民基本保险参保、河涌沟渠截污及城镇排水设施、水功能区水质监测、饮用水水源保护区管理等方面。

2.2.3.2　深圳市开展深圳水库核心区生态保护补偿

　　深圳水库是深港两地最重要的饮用水库，供水占香港总用量的 70%，占深圳用水量的 40%，水库建成迄今已向香港地区供水 120 多亿 m^3。水源的供给直接影响深港两地居民的正常生活和经济发展，是政治水、经济水、生命水。出于水源保护的需要，大望、梧桐山两个社区一直执行限制开发和维持现状的政策，经济发展停滞不前，村级收入远低于全市其他社区股份合作公司，片区原村民用牺牲经济利益以换取深港 2 000 万人的水源安全保障，对深港两地经济社会稳定做出了很大贡献。2014 年，罗湖区政府出台了《深圳水库核心区（大望、梧桐山社区）生态保护补偿办法（试行）》（罗府办〔2014〕26 号，以下简称《办法》），为大望、梧桐山两个片区的原村民发放生态补偿款，生态保护专项补助发放标准为每人每年人民币 7 200 元。该《办法》已于 2016 年 12 月 31 日到期。

　　2017 年 5 月 26 日，罗湖区政府印发《深圳水库核心区（大望、梧桐山社区）生态保护补偿办法（试行）》（罗府办规〔2017〕5 号，以下简称《新办法》），《新办法》对《办法》进行修改完善，进一步明确符合补偿条件的原村民身份认定，并适当扩大了补偿范围。生态保护专项补助适用对象主要为罗湖区大望、梧桐山的原村民，包含以下类型：

截至 2016 年 12 月 31 日登记在册的大望、梧桐山股份合作公司的股民；符合条件的股民的配偶和子（含儿媳妇）女；截至 2016 年 12 月 31 日登记在册，1992 年 6 月 30 日城市化前农转非，世代居住大望、梧桐山社区的原籍村民。生态保护专项补助发放标准为每人每月人民币 600 元。生态保护专项补助时间暂定 3 年，即从 2017 年 1 月 1 日起至 2019 年 12 月 31 日止。

2.2.3.3 广州市探索流溪河流域生态补偿

2016 年，广州市完成了"广州市生态补偿机制政策体系研究"相关课题的研究工作。2016 年，《广州市水污染防治行动计划实施方案》提出"按省相关要求推行一级水源保护区土地征用、二级水源保护区土地租用、水源涵养区生态补偿"。《关于贯彻落实加强我市生态保护制度建设决议的实施方案的通知》（穗府办函〔2015〕83 号）提出"2017 年年底前，研究制订广州市生态补偿有关办法"的目标要求。2017 年 5 月，广州市水务局编制的《广州市流溪河流域生态保护补偿方案》（征求意见稿）进行公示，这也是广州有关生态补偿出台的首个方案。2019 年，广州市财政局、广州市生态环境局印发《广州市生态保护补偿办法（试行）》，对生态保护补偿的范围实行目录清单式管理，类型包括生态保护红线、流域水环境、生态公益林、基本农田和广州市其他生态保护补偿项目确定的类型。

2.2.3.4 惠州市建立西枝江流域生态补偿

2015 年 3 月，惠州市出台《惠州市水环境生态补偿暂行办法》，惠州市域内 50 条河涌被纳入水环境生态补偿范围，遍布惠州 7 个县区，主要包括：惠州市集水面积较广、径流量较大的河涌；流经城镇、居民稠密区和工业集中区的河涌；汇入饮用水水源保护区等环境敏感区域的河涌；跨行政区域（县级以上）的河涌等。根据"谁污染、谁付费，谁保护、谁受益"原则，上述 50 条河涌实行水资源有偿使用和水质达标管理相结合、市财政纵向补偿和县（区）财政横向支付相结合、达标改善补偿和超标恶化扣缴相结合"三个相结合"的生态补偿机制，实施过程公平、公开、公正，接受社会监督。2015—2016 年，共计奖励补偿水质改善的县（区）近 2 000 万元。

西枝江是惠州的母亲河、生命河，孕育了惠州几百万的人口。2017 年，惠州市启动西枝江流域生态保护补偿制度建设。同年 12 月，《惠州市西枝江流域生态保护补偿专项资金管理办法》报市政府审定。根据《惠州市西枝江流域生态保护补偿专项资金管理办法（征求意见稿）》，惠州市西枝江流域生态补偿范围包括惠城区河南岸、桥东、水口街道、三栋镇、马安镇，惠阳区淡水、秋长街道、永湖镇、平潭镇、沙田镇、新圩镇、良井镇，惠东县平山街道、大岭镇、多祝镇、白盆珠镇、宝口镇、安墩镇、白花镇、梁化镇、高潭镇，大亚湾区西区街道，不含仲恺高新区相关区域。市政府统筹设立西枝江生态保护补偿专项资金，对因承担生态保护责任而使经济社会发展受到限制的上游地区相关组织和个人给予适当补偿。生态保护补偿专项资金按流域内林地面积、断面水质、水库总库容、养殖强度、基本农田面积进行分配，分别占补偿资金的 40%、30%、10%、10% 和 10%。补偿资金每年不少于 1 500 万元，由市财政部门安排，纳入年度预算，并逐年适当调增。市财政部门拓展资金筹措渠道，鼓励企业、个人捐赠西枝江生态保护补偿专项资金。

2.2.4　江西开展跨市饮用水水源地横向生态补偿试点

2016 年 6 月，在江西省政府的主导下，乐平市与婺源县签订《共产主义水库水流域横向补偿协议》，对共产主义水库周边的婺源县珍珠山乡、赋春镇和镇头镇以及乐平市共产主义水库管理局进行补偿，成为江西省首个县市级生态补偿试点。在"资源共享，责任共担；获益补偿，污染赔偿；两地为主，省级引导；目标约束，系统治理"原则的指导下，婺源县和乐平市作为责任主体，通过协商方式签订水环境双向补偿协议，明确责任和义务。

2016—2018 年为试点期，之后为持续实施期。省级引导为主，对横向补偿机制予以适当的奖补资金支持，并逐步退出。试点期间，省级奖补资金的额度为每年 300 万元，由省财政厅、省环保厅从省级环保专项资金中安排，全部下达给婺源县，同时与跨界断面水质是否达标挂钩，主要是作为其建立横向补偿制度的奖励。横向补偿资金由婺源县和乐平市财政各出 100 万元组成，共 200 万元，按全年每月一次共 12 次跨界断面 21 项水质指标监测达标次数占总监测次数比例计算，如每月都达标，则 200 万元全部给婺源县，如有 6 个月不达标，则婺源县、乐平市各得 100 万元，依此类推。为避免水质监测中的扯皮，由省环境监测中心站直接提供数据。

两地所获资金用于共产主义水库库区水面周边的乡村。婺源县包括珍珠山乡、赋春镇和镇头镇，具体比例由婺源县按库区岸线长度或汇水区面积或其他方式自行确定。乐平市所获横向补偿资金应给共产主义水库管理局使用。补偿资金专项用于共产主义水库生态环境保护实施方案编制、水源涵养、环境污染综合整治、农业面源污染治理、农村生活污染治理设施建设及其他污染整治等民生工程。

2.2.5　上海市饮用水水源地生态补偿

2009 年，上海市政府颁布了《关于本市建立健全生态补偿机制若干意见》及《生态补偿转移支付办法》（沪财预〔2009〕108 号），正式启动对饮用水水源地、基本农田和生态公益林所在地区进行生态补偿，并建立生态补偿资金的分配、使用、管理及考核等方面的具体工作机制。2009 年起，上海市开始对上海黄浦江上游水源地保护区所涉及共 7 个区县进行补偿资金的转移支付。2010 年，《上海市饮用水水源保护条例》正式颁布实施，并确立了青草沙、黄浦江上游、陈行、崇明东风西沙 4 个将长期保留的水源地。据此，2010年水源地生态补偿范围也相应扩大，受补偿的区县增加到 9 个，补偿资金也在 2009 年的基础上大幅度提高，目前上海市每年水源地生态补偿资金总额超过 5 亿元[96]。2011 年上海市相关部门修订了《生态补偿转移支付办法》，进一步完善了生态补偿政策运行机制。2018 年，上海市人民政府印发《上海市饮用水水源保护缓冲区管理办法》，明确现有饮用水水源保护生态补偿制度适用于饮用水水源保护缓冲区。市、区政府在饮用水水源保护生态补偿财政转移支付过程中，将缓冲区纳入转移支付范围。饮用水水源保护缓冲区的生态补偿标准，可按照饮用水水源准保护区的一定比例执行。

2.2.6 昆明市实施重点水源区转移就业创业补贴和主城饮用水水源区扶持补助

2005 年 8 月昆明市制定《昆明市松华水源区群众生产生活补助办法》，2008 年 2 月制定《昆明市云龙水库水源区群众生产生活补助办法》，从能源、就学、就医等方面对水源区群众进行补助。2005—2008 年在松华坝、云龙水源区合计投入补助资金 7 492.61 万元。2009 年，进一步加大了补助力度，松华坝水源区补助资金达到 3 521.2 万元，云龙水源区补助资金达到 3 648.7 万元。

昆明市在 2011 年、2013 年和 2014 年分别制定了《昆明市松华坝云龙水源保护区扶持补助办法》《昆明市清水海水源保护区扶持补助办法》和《昆明市人民政府办公厅关于促进主城区集中式饮用水水源保护区居民转移进城的实施意见》。2015 年 6 月，昆明市通过了《昆明市促进市级重点水源区农村劳动力转移就业实施方案》，该方案提出到 2018 年，全市将实现松华坝、云龙水库、清水海等三个重点水源保护区内 50% 以上的农村劳动力实现就业移民，剩余 50% 的农村劳动力实现就地就近就业创业。为实现该目标，方案提出了以下几个措施：①重点水源保护区所在县（区）各乡镇（街道）建立当地居民就业需求调查统计制度。②重点水源保护区政府重点开展技能培训和创业培训，建立岗位信息共享互通机制、搭建转移就业的服务平台、建立外出务工居民服务制度等。③对外出就业的重点水源保护区居民和企业发放补助。④发放外出租地创业补贴，鼓励水源区居民外出租地创业。2016 年 10 月，昆明市颁布实施《昆明市主城饮用水水源区扶持补助办法》，对包括松华坝水库、云龙水库、清水海水库、大河水库、柴河水库、宝象河水库、红坡—自卫村水库在内的主城区饮用水水源区，通过市级定额补助、以投代补等投入方式对主城饮用水水源区水源保护工作给予适当补偿。其中，市级定额补助包括：①生产扶持，包括退耕还林补助、"农改林"补助、产业结构调整补助、清洁能源补助、劳动力转移就业补助。②生活补助，包括教育补助、能源补助、医疗和养老等方面的补助。③管理补助，包括巡查考核管理工作经费（含综合检查、执法巡查、公益广告宣传、聘请第三方服务机构、主城饮用水水源区综合数据连续采集、违法举报奖励等费用）；县（区）人民政府或经批准

---

96 黄宇驰，鄢忠纯，王敏，等. 上海市饮用水源地生态补偿政策实施情况分析与优化建议[J]. 中国人口·资源与环境，2013，11（23）：171-173.

成立的主城饮用水水源区保护管理机构的管理经费补助、主城饮用水水源区护林工资补助和保洁工资补助。④生态治理补助，可以包括湿地、垃圾与污水处理、人口搬迁等项目的管理、设施维护、运行等方面的补助。⑤县（区）人民政府或经批准成立的主城饮用水水源区保护管理机构所确定的主城饮用水水源区产业发展、城乡统筹等方面政策补助。市级以投代补是指市重点水源区保护委员会成员单位市水务局、市环保局、市农业局、市林业局、市发改委、市财政局、市人社局、市教育局、市国土资源局、市规划局、市住房城乡建设局、市民政局、市城管综合执法局、市监管局、市移民开发局按照主城饮用水水源区"十三五"规划，以基础设施建设投入的方式对主城饮用水水源区实施补助，对位于主城饮用水水源区内符合政策规定的项目给予优先倾斜安排。

2.3　国内外实践与研究经验的借鉴意义

2.3.1　因地制宜选择饮用水水源地生态补偿方式

从全国各地开展饮用水水源地生态补偿实践探索看，除了纵向、横向财政资金支付外，还有部分地区采用了自愿协议补偿、异地开发、水权交易、转移就业创业补贴等方式。可以说，在饮用水水源地生态补偿政策设计时，各地从饮用水水源地管理和生态补偿需求出发，在最大限度地激励当地水源水质保护目标的指导下，选择合适的、可操作的生态补偿方式。

中山市饮用水水源地具有分散、数量众多的特征，市、镇区两级的行政体制现状以及逐步联网互通的供水格局，都是在进行中山市饮用水水源地生态补偿机制设计研究过程中不可忽视的重要特征。上述因素决定了中山市饮用水水源地生态补偿不可以直接照搬其他地区的做法，而必须尊重自身饮用水水源地管理的需求开展制度设计。

2.3.2　现有补偿资金使用范围主要包括直接补贴和项目补偿

从国内其他地区的饮用水水源地生态补偿制度内容看，生态补偿资金主要用于饮用水水源地内居民发展权受损的直接补偿和饮用水水源保护相关项目的支出。部分地区甚至扩大至对饮用水水源地所在地区政府的提供基本公共服务的保障，例如珠海市对饮用水水源保护区所在的莲洲镇的 7 500 万元补偿性资金，主要用于该镇教育、社保、农业、卫生等基本民生支出缺口，保障基本民生需求。

生态补偿资金使用范围出现差异，主要原因是在不同的饮用水水源地，属地管理的内容及其资金需求不同。对于水源地内及周围居民较多的，居民的迁出是减少水源污染的有效手段，因此，可将生态补偿资金重点用于鼓励居民转移就业或搬迁上，例如昆明市实施重点水源区转移就业创业补贴。大多数饮用水水源地生态补偿资金主要用于保障地方政府"属地管理"中水源保护工程投入，此类饮用水水源地生态补偿资金则以项目补偿为主。

综上所述，中山市确定饮用水水源地生态补偿资金使用范围时，应充分调研全市镇区的饮用水水源地"属地管理"责任的内容及其支出需求，充分调研未来数年全市饮用水水源保护区规范化建设需求与计划，充分调研饮用水水源保护区内土地利用现状及其管理、补偿需求，充分调研饮用水水源保护区内及其周围村（居）民受偿意愿等，在此基础上，制定未来一个阶段内全市饮用水水源地生态补偿资金的使用范围。

2.3.3 绩效考核有利于保证和提高生态补偿政策效果

饮用水水源地生态补偿的政策目标是实现饮用水水源地管理外部成本的内部化，在"谁受益，谁补偿；谁保护，谁受偿"原则的指导下，落实受益者向保护者支付外溢的水源保护效益，激励保护者持续保护，以实现饮用水水源保护的公平和可持续。为确保这一政策目标的实现，就要求饮用水水源地生态补偿政策不仅仅要确保生态补偿标准的科学核算，还必须建立考量和促进接受生态补偿者的保护责任落实的饮用水水源地生态补偿绩效考核机制。

如果饮用水水源地生态补偿绩效考核机制缺位，饮用水水源地生态补偿主体全额支付生态补偿后，受偿者并未完全落实其水源保护责任，导致饮用水水源保护不足，则将影响生态补偿主体支付的积极性，进而影响饮用水水源地生态补偿政策的可持续性。因此，应将饮用水水源地生态补偿绩效考核作为饮用水水源地生态补偿政策的有机组成，构建有利于激励镇区"管理"责任落实的饮用水水源地生态补偿绩效考核机制。

2.3.4 饮用水水源地生态补偿机制动态调整

随着饮用水水源地生态补偿政策实施的推进，饮用水水源地"属地管理"内容、保护成本等均可能发生变化，此时，若饮用水水源地生态补偿政策保持一成不变，则可能政策效果不断弱化。饮用水水源地生态补偿机制动态调整应重点考虑以下几个内容：其一，应根据保护成本变化，动态调整生态补偿标准，确保生态补偿制度对水源保护激励作用的发挥；其二，应根据饮用水水源"属地管理"内容的变化，动态调整生态补偿资金的使用范围，切实内化受偿者的外部性成本；其三，应根据饮用水水源地"属地管理"内容，适时调整饮用水水源地生态补偿绩效考核内容，切实反映受偿者保护落实程度。

第 3 章

饮用水水源地生态补偿政策基础

3.1 中山市生态补偿制度建设现状

3.1.1 建立基于区域综合统筹的生态补偿机制框架

2014 年 3 月，中山市启动生态补偿机制研究。经过广泛调查及科学论证，2014 年 7 月，中山市政府出台了《中山市人民政府关于进一步完善生态补偿机制工作的实施意见》（以下简称《实施意见》），《实施意见》对全市生态补偿工作进行整体调整和统筹安排，主要变化在于：①生态补偿对象范围扩大。《实施意见》之前，中山市生态补偿对象仅包括生态公益林和基本农田，《实施意见》提出近期全市生态补偿对象扩大至生态公益林和耕地，将其他耕地纳入补偿范围。②提高生态补偿标准并设定近期递增机制。2014 年，中山市生态公益林补偿标准为 48 元/（亩·a），基本农田生态补偿标准为 30 元/（亩·a），《实施意见》提出 2015—2017 年，生态公益林生态补偿标准分别提升至 80 元/（亩·a）、100 元/（亩·a）和 120 元/（亩·a），基本农田生态补偿标准分别提升至 100 元/（亩·a）、150 元/（亩·a）和 200 元/（亩·a），其他耕地补偿标准分别提升至 50 元/（亩·a）、75 元/（亩·a）和 100 元/（亩·a）。③构建"市财政主导，镇区财政支持"的纵横向结合的生态补偿资金筹集模式。在补偿资金的筹集与分配上，提出近期构建"市财政主导，镇区财政支持"的纵横向结合的生态补偿资金筹集模式，体现了市、镇生态补偿责任共担的理念，提高了生态补偿制度的公平性和资金来源。④构建了相对完善的中山市生态补偿制度保障。在保障措施上，提出建立生态补偿组织保障、制度保障、资金保障、动态机制保障和绩效考核机制等，同时，规定林业、国土等主管部门分别制定生态公益林和耕地生态补偿资金管理办法，进一步完善中山市生态补偿制度。

根据《实施意见》，市林业局于 2015 年 6 月修订后颁布实施了《中山市生态公益林效益补偿项目及资金管理办法》，市国土资源局于 2015 年 3 月制定了《中山市耕地保护补贴实施办法》。民众、沙溪等镇区制定了专门的耕地生态补偿资金使用规定，规范镇区耕地生态补偿资金的管理与使用。中山市生态补偿制度体系框架完善，初步形成了由市总体性文件、部门专业性文件和镇区配套文件构成的完整的全市生态补偿政策制度，为生态补偿政策的实施提供了明确指引。

3.1.2 生态补偿政策实施效果

3.1.2.1 目标实现程度评估

根据《实施意见》内容，该文件的政策目标为"建立生态补偿是实现社会经济与环境协调发展的一项重要举措；是落实科学发展观、建立和谐社会的主要途径；是促进区域间协调发展，实现可持续发展和生态文明建设的内在要求；是落实新《环境保护法》'有关地方人民政府应当落实生态保护补偿资金，确保其用于生态保护补偿'的具体行动；是《中山市主体功能区规划实施纲要》的配套性政策，实现对主要生态功能区的保护"。

2014 年《实施意见》颁布后，中山市至 2015 年正式开展生态补偿，该政策覆盖全市所有镇区，对拥有生态公益林和耕地的镇区，根据生态公益林和耕地的面积进行生态补偿。同时，《实施意见》改变了原来的由受偿镇区配套生态补偿资金的做法，采用基于镇区生态公益林与耕地总面积有关的镇区生态补偿综合责任分配系数核算镇区应支付生态补偿，这种"市财政主导，镇区财政支持"的纵横向结合的生态补偿资金筹集模式实现了"谁受益，谁补偿；谁保护，谁受偿"，在实施期间，获得了全市镇区政府的认同。

《实施意见》提出的近三年生态补偿指标递增方案，实现了中山市生态补偿标准短期内向兄弟城市、向中山市民期望值接近的目标。通过调整，2017 年中山市生态公益林、基本农田和其他耕地的生态补偿标准分别提升至 120 元/（亩·a）、200 元/（亩·a）和 100 元/（亩·a）。从镇区访谈与公众调查结果看，公众均比较满意调整后的补偿标准。

3.1.2.2 投入情况分析

《实施意见》实施后，由于生态补偿范围的扩大与生态补偿标准的提高，全市生态补偿资金总规模逐步扩大（表 3-1）。2014 年，全市生态补偿资金总规模为 0.40 亿元；2015 年，全市生态补偿资金总规模为 1.04 亿元，相较实施前增加了 0.63 亿元；2016 年，全市生态补偿资金总规模为 1.41 亿元，相较实施前增加了 1.02 亿元；2017 年，全市生态补偿资金总规模为 1.79 亿元，相较实施前增加了 1.38 亿元。可见，在《实施意见》实施 3 年后，2017 年全市生态补偿资金总规模相较实施前增加了 3.5 倍。资金规模的扩大增强了生态补偿政策的覆盖范围、影响力与强度。

表 3-1 《实施意见》带来的生态补偿资金总规模变化情况   单位：万元

补偿类型	2015 年		2016 年		2017 年	
	实施前	实施后	实施前	实施后	实施前	实施后
生态公益林	2 303.07	3 543.19	2 127.86	3 799.76	2 279.85	4 559.71
基本农田	1 860.92	6 203.08	1 848.75	9 243.76	1 826.13	12 174.21
其他耕地	0	677.23	0	1 102.14	0	1 171.7
合计	4 163.99	10 423.50	3 976.61	14 145.66	4 105.98	17 905.62

从生态补偿资金的来源看，实施后省级财政下拨的生态补偿资金规模基本持平，也就是说全市生态补偿资金新增部分均由市镇共担。且从表 3-2 可见，2015 年市财政和镇区财政支付生态补偿资金分别为 4 851.3 万元和 4 153.4 万元；2016 年市财政和镇区财政支付生态补偿资金分别为 6 398.6 万元和 6 306.9 万元；2017 年市财政和镇区财政支付生态补偿资金分别为 8 085.0 万元和 8 407.3 万元。总体上呈现市财政与镇区财政 5∶5 分担的局面。

由镇区承担的生态补偿资金主要由生态公益林和耕地面积占比较小的镇区承担，例如火炬开发区、小榄镇、古镇镇、南头镇、石岐区、西区和东凤镇等。可见，《实施意见》实施后中山市生态补偿资金筹集模式的改变，实质上是生态补偿责任分担的进一步合理化。改变了由受偿镇区配套生态补偿资金的做法，而由保护责任较小的镇区支付，这一做法更加公平合理。

3.1.2.3 产出情况分析

（1）有效缓解保护与发展的矛盾

"市财政主导，镇区财政支持"的纵横向结合的生态补偿资金筹集模式中镇区生态补偿资金的支付责任的分配采取根据与镇区生态公益林和耕地面积比例相关的区域综合平均分配系数来确定，由生态公益林和耕地面积比例低于全市平均水平的镇区按照其生态公益林和耕地缺口面积分担生态补偿资金支付责任。这一做法，保证了"谁受益，谁支付"原则的落实，保证了全市区域发展与生态保护总体决策中的公平性。

无论是镇区政府还是普通群众，对于生态公益林和耕地生态补偿标准的提高，均持普遍认同与支持的态度，生态补偿资金规模的扩大，提高了其对林户和农户保护补偿与保护积极性的鼓励能力。在《实施意见》实施后，林户和农户对生态补偿政策的认同度持续增强。在实施效果调查过程中，五桂山、民众等多个镇区政府反映近几年辖区毁林行为减少，森林资源质量稳步提升，全市未出现重大违法破坏林地资源的情况。

表 3-2 2015—2017 年中山市生态补偿资金总表

年份	项目	面积/亩	补偿标准/[元/（亩·a）]	生态补偿资金总额/万元	省财政支付资金/万元	配套省级财政资金/万元	市财政承担五桂山资金/万元	市财政分担资金/万元	负担总额/万元	镇区财政/万元
2015 年	生态公益林	442 899	80	3 543.2	488.3	750.9	441.3	711.1	1 903.2	1 151.7
	耕地	755 754	100/50	6 880.3	930.5	930.5	33.9	1 983.7	2 948.1	3 001.8
	合计	1 198 653	—	10 423.5	1 418.8	1 681.3	475.2	2 694.8	4 851.3	4 153.4
2016 年	生态公益林	379 975.5	100	3 799.8	515.8	825.2	344.5	946.4	2 116.2	1 167.8
	耕地	763 203	150/75	10 345.9	924.4	924.4	31.6	3 326.5	4 282.4	5 139.1
	合计	1 143 178.5	—	14 145.7	1 440.1	1 749.6	376.1	4 272.9	6 398.6	6 306.9
2017 年	生态公益林	379 975.5	120	4 559.7	500.3	943.8	730.3	907.6	2 581.7	1 477.8
	耕地	725 880.7	200/100	13 345.9	913.1	913.1	62.5	4 527.8	5 503.3	6 929.5
	合计	1 105 856.2	—	17 905.6	1 413.4	1 856.9	792.7	5 435.3	8 085.0	8 407.3

（2）全市生态公益林和耕地总规模相对稳定

2016 年，中山市根据最新的森林资源二类调查成果及林地生态红线和林地保护规划等，对全市省级生态公益林（2003 年划定后未改变过）进行重新规划调整及签订现场界定书。中山市省级生态公益林调整的原因主要有：①根据最新的森林资源二类调查小班区划数据，对部分小班的生态公益林属性、面积等进行调整。②通过局部调整区域优化措施，进一步优化中山市生态公益林总体布局，将生态区位重要、生态功能等级高的林地调进为生态公益林，有利于生态公益林的保护、建设和管理，维护中山市林业生态建设的健康稳定发展。③中山市省级生态公益林的数据从 2003 年签订界定书以来，虽有征占用林地等情况，但省级生态公益林的面积一直未如实地进行核减补差。④因林少人多、区域分散、存在集体内部矛盾、较难管理，补偿资金在以一卡通直接发放到村民账户时操作困难，经过镇区或村集体协商，同意不将其林地纳入省级生态公益林，例如，石岐区、南区（恒美村、马岭村、上塘村、福涌村、渡头村）、板芙镇（李溪村）、三乡镇（南龙村、平南村、鸦岗村）等。⑤存在林地面积小且分散、位置处于开发边缘、林地存在争议或已出租、解决分配难等问题的林地，不适宜划为省级生态公益林，如市森保中心、神湾镇深湾村、南区争议地等。经过调整，全市省级生态公益林在保持整体布局不变、面积不减少的前提下实现了局部优化调整，因此，近三年，全市省级生态公益林总面积稳定保持 257 880 亩不变。

实施差异化耕地生态补偿标准，体现了基本农田保护的重要性。加上耕地占补平衡和"占优补优"政策的执行，中山市耕地保护效果良好，近几年均通过省政府耕地保护目标责任考核。

3.1.3　中山市生态补偿政策完善方向

3.1.3.1　进一步扩大补偿范围，覆盖重要生态功能区

根据 2014 年全市生态补偿政策研究，认为生态发展区、禁止开发区以及上述两类主体功能区外的耕地、生态公益林、湿地、饮用水水源等重要生态功能区所提供的生态服务具有一定的外溢性，目前上述区域的居民不对称地承担部分生态环境保护成本，且自身的发展权由于生态环境保护需要受到一定的限制。因此，中山市生态补偿的补偿范围包括生态发展区、禁止开发区以及上述两类主体功能区范围外的省市级生态公益林、耕地、饮用水水源二级保护区等重要生态功能区所在区域。

《国务院办公厅关于健全生态保护补偿机制的意见》（国办发〔2016〕31 号）和《广东省人民政府办公厅关于健全生态保护补偿机制的实施意见》（粤府办〔2016〕135 号）均提出"到 2020 年，实现森林、湿地、荒漠、海洋、水流、耕地等重点领域和禁止开发区域、重点生态功能区等重要区域生态保护补偿全覆盖"，并要求补偿水平与区域经济社会发展状况相适应。目前，中山市生态控制线一级管控区内、禁止开发区内，除饮用水水

源一级保护区之外，均已全部纳入生态补偿范围（表3-3）。

表3-3 中山市应纳入生态补偿的重要生态功能区范围及其生态补偿情况

类别		名称	所在镇区	是否已纳入
生态发展区			五桂山	基本已全纳入
	自然保护区	中山长江库区水源林自然保护区		已纳入
	森林公园	小琅环森林公园		已纳入
		云梯山森林公园		已纳入
		卓旗山森林公园		已纳入
		丫髻山森林公园		已纳入
		金钟山森林公园		已纳入
		铁炉山森林公园		已纳入
		银坑森林公园		已纳入
		南台山森林公园		已纳入
		田心森林公园		已纳入
禁止开发区	重要水源地（水源一级保护区）	古镇新水厂饮用水水源一级保护区	西江中山河段	计划新增
		稳益水厂饮用水水源一级保护区	西江中山河段	计划新增
		全禄水厂饮用水水源一级保护区	西江中山河段	计划新增
		南部供水总厂饮用水水源一级保护区	西江中山河段	计划新增
		东海水道饮用水水源一级保护区	东海水道	计划新增
		东升水厂饮用水水源一级保护区	小榄水道	计划新增
		大丰水厂饮用水水源一级保护区	小榄水道	计划新增
		南头水厂饮用水水源一级保护区	鸡鸦水道	计划新增
		新涌口水厂饮用水水源一级保护区	鸡鸦水道	计划新增
		长江水库	东区	计划新增
		蛉蚙水库	板芙	计划新增
		莲花地水库	南朗	计划新增
		箭竹山水库	南朗	计划新增
		横迳水库	南朗	计划新增
		逸仙水库	南朗	计划新增
		古鹤水库	三乡	计划新增
		龙潭水库	三乡	计划新增
		田心水库	五桂山	计划新增
		马坑水库	三乡	计划新增
		古宥水库	神湾	计划新增
		南镇水库	神湾	计划新增
		铁炉山水库	坦洲	计划新增
		马岭水库	南区	计划新增
		长坑水库	五桂山	计划新增
		石寨水库	五桂山	计划新增
		田寮水库	五桂山	计划新增

类别	名称	所在镇区	是否已纳入
位于生态发展区和禁止开发区外的生态公益林		南区、五桂山办事处、三乡镇、东区、神湾镇、南朗镇、板芙镇、火炬开发区、坦洲镇、大涌镇、石岐区、黄圃镇和三角镇	已纳入
位于生态发展区和禁止开发区外的耕地		所有承担耕地保护的镇区	已纳入
水源二级保护区	古镇新水厂饮用水水源二级保护区	西江中山河段	计划新增
	稔益水厂饮用水水源二级保护区	西江中山河段	计划新增
	全禄水厂饮用水水源二级保护区	西江中山河段	计划新增
	南部供水总厂饮用水水源二级保护区	西江中山河段	计划新增
	东海水道饮用水水源二级保护区	东海水道	计划新增
	东升水厂饮用水水源二级保护区	小榄水道	计划新增
	大丰水厂饮用水水源二级保护区	小榄水道	计划新增
	南头水厂饮用水水源二级保护区	鸡鸦水道	计划新增
	新涌口水厂饮用水水源二级保护区	鸡鸦水道	计划新增

《中山市人民政府关于进一步完善生态补偿机制的实施意见》（中府〔2014〕72 号）中提出在中远期（2018—2022 年），扩展评估范围和完善补偿标准核算体系。争取在 2017 年启动饮用水水源保护和重要集中式环保设施周围区域生态补偿标准研究。

2015 年，《广东省人民政府关于印发广东省水污染防治行动计划实施方案的通知》（粤府〔2015〕131 号），提出"实施跨界水环境补偿。在现行激励型财政机制基础上，按照'超标项目越多、超标程度越高，赔偿额度越大'的原则，以六河流域为重点，于 2016 年年底前建立跨界水环境质量考核激励制度。鼓励有条件的跨县（市、区）河流及跨流域供水开展生态补偿工作"。要求"探索完善……水污染损害赔偿与生态补偿……等机制，推行一级水源保护区土地征用、二级水源保护区土地租用、水源涵养区生态补偿、聘用水源保护专管员模式"。《中山市实施〈南粤水更清行动计划（2013—2020 年）〉工作方案》和《中山市人民政府关于印发中山市水污染防治行动计划实施方案的通知》（中府〔2016〕34 号）均要求探索完善水污染损害赔偿与生态补偿，探索推行一级水源保护区土地征用、二级水源保护区土地租用、水源涵养区生态补偿、聘用水源保护专管员模式。

综上所述，中山市应尽快探索饮用水水源地生态补偿制度的可行性与制度设计。

3.1.3.2　完善和落实生态补偿绩效考核制度

随着《实施意见》的颁布实施，全市生态补偿标准逐年提升，补偿资金总规模不断扩大。补偿资金的合理分配和使用直接影响生态补偿政策的效果，《实施意见》要求"严格执行生态补偿绩效考核制度"，要求各镇区每年 11 月前向生态补偿督导小组提交镇区生态公益林和耕地生态补偿的年度资金使用绩效报告，由生态补偿督导小组开展绩效评价工作。但是，由于受补偿资金下达时间较晚等因素影响，生态补偿绩效考核工作未能开展。为确保生态补偿资金管理和使用全过程的规范性和合法性、提高生态补偿资金使用效率、保障生态补偿效果，建议生态补偿督导小组负责进一步完善细化生态补偿绩效考核制度，并实施生态补偿年度绩效考核。

3.1.3.3 鼓励镇区建立生态补偿资金管理制度，提高资金使用效率

针对部分镇区对生态补偿资金中镇区统筹部分的管理和使用范畴不甚明确，影响镇区统筹补偿资金使用效果的问题，建议市级相关部门牵头，在研究现存镇区生态补偿资金管理中典型、代表性问题的基础上，对共性问题提出对策。同时，鼓励已制定和实施生态补偿资金管理制度的镇区分享其管理办法制定与实施经验，在全市范围内进行推广。考虑镇区生态补偿资金规模，建议在近期重点指导五桂山、南朗、东区和三乡等镇区制定镇区生态公益林生态补偿资金管理制度；重点指导坦洲、黄圃和横栏等镇区制定镇区耕地生态补偿资金管理制度。

3.2 中山市饮用水水源地概况

3.2.1 中山市饮用水水源保护区范围

中山市饮用水水源保护区最早于 1998 年划定［《关于中山市生活饮用水地表水源保护区划分方案的批复》（粤府函〔1998〕323 号）］，2004 年经过局部调整（粤府函〔2004〕32 号文），目前现行划定方案为《关于同意调整中山市饮用水水源保护区划方案的批复》（粤府函〔2010〕303 号）。2010 版区划方案依据全市供排水格局，共划定了 9 个河流型水源地、30 个与主干河流相接的内河涌型水源地以及 17 个水库型水源地的水源保护区，见表 3-4、表 3-5 和表 3-6，总面积为 153.73 km^2（其中一级水源保护区水域 13.08 km^2、陆域 19.58 km^2，二级水源保护区水域 34.97 km^2、陆域 86.09 km^2）。

表 3-4　中山市河流型饮用水水源保护区概况

序号	保护区名称和级别	水厂名称	所在河流名称	水域保护范围与水质保护目标	陆域保护范围	划分类型	有效时限
1	古镇新水厂饮用水水源一级保护区	古镇新水厂	西江中山河段	古镇新水厂吸水点上游 1 000 m 至下游 500 m 的河段；以中泓线为界，保留一定宽度的航道外，水域范围为航道边界线至取水口一侧河岸线；水质保护目标为 II 类	相应一级保护区水域的沿岸河堤外坡脚向陆纵深 50 m 内的陆域范围	补充	长期

序号	保护区名称和级别	水厂名称	所在河流名称	水域保护范围与水质保护目标	陆域保护范围	划分类型	有效时限
1	古镇新水厂饮用水水源二级保护区	古镇新水厂	西江中山河段	古镇新水厂吸水点下游 500 m 起至白濠头水闸（取水口下游约 3 950 m）的河段；不包含江门一侧；水质保护目标为 II 类	相应一级保护区水域沿岸河堤外坡脚向陆纵深 100 m 内的除一级保护区的陆域范围以及相应二级保护区水域沿岸河堤外坡脚向陆纵深 50 m 内的陆域范围	补充	长期
2	稔益水厂饮用水水源一级保护区	稔益水厂	西江中山河段	稔益水厂取水口上游 1 000 m 至下游 1 000 m 的河段；以中泓线为界，保留一定宽度的航道外，水域范围为航道边界线至取水口一侧河岸线；水质保护目标为 II 类	相应一级保护区河堤外坡脚向陆纵深 50 m 内的陆域范围	补充	长期
	稔益水厂饮用水水源二级保护区			稔益水厂取水口上游 1 000 m 起上溯至白濠头水闸（取水口上游约 5 800 m）的河段、下游 1 000 m 起至九顷水闸（取水口下游约 4 240 m）的河段；不包含江门一侧；水质保护目标为 II 类	相应一级保护区水域沿河堤外坡脚向陆纵深 100 m 内的除一级保护区的陆域范围，以及相应二级保护区水域沿岸河堤外坡脚向陆纵深 50 m 内的陆域范围		
3	全禄水厂饮用水水源一级保护区	全禄水厂	西江中山河段	全禄水厂取水口上游 1 000 m 至下游 500 m 的河段；以中泓线为界，保留一定宽度的航道外，水域范围为航道边界线至取水口一侧河岸线；水质保护目标为 II 类	相应一级保护区水域的河堤外坡脚向陆纵深 50 m 区域	核定	长期
	全禄水厂饮用水水源二级保护区			全禄水厂取水口上游 1 000 m 起上溯至九顷水闸（取水口上游约 4 260 m）的河段、下游 500 m 起至海心沙岛尾（取水口下游约 7 000 m）的河段；不包含江门、珠海一侧；水质保护目标为 II 类	相应一级保护区水域的河堤外坡脚向陆纵深 100 m 内的除一级保护区的陆域范围，以及相应二级保护区水域沿岸河堤外坡脚向陆纵深 50 m 内的陆域范围		
4	南部供水总厂饮用水水源一级保护区	南部供水总厂	西江中山河段	南部供水总厂取水口上游 1 000 m 至下游 1 000 m 的河段；以中泓线为界，保留一定宽度的航道外，水域范围为航道边界线至取水口一侧河岸线；水质保护目标为 II 类	相应一级保护区河堤外坡脚向陆纵深 50 m 内的陆域范围	补充	长期

序号	保护区名称和级别	水厂名称	所在河流名称	水域保护范围与水质保护目标	陆域保护范围	划分类型	有效时限
4	南部供水总厂饮用水水源二级保护区	南部供水总厂	西江中山河段	南部供水总厂取水口上游 1 000 m 起上溯至海心沙岛尾（取水口上游约 5 750 m）的河段、下游 1 000 m 起至斗门大桥（取水口下游约 9 800 m）的河段；不包含江门一侧；水质保护目标为Ⅱ类	相应一级保护区水域沿河堤外坡脚向陆纵深 100 m 内的除一级保护区的陆域范围，以及相应二级保护区水域沿岸河堤外坡脚向陆纵深 50 m 内的陆域范围	补充	长期
5	东海水道饮用水水源一级保护区	小榄永宁水厂、小榄水厂、东凤水厂	东海水道	中山佛山边界至东凤水厂取水口下游 1 000 m 的河段；以中泓线为界，保留一定宽度的航道外，水域范围为航道边界线至取水口一侧河岸线；水质保护目标为Ⅱ类	相应一级保护区水域的沿岸河堤外坡脚向陆纵深 30 m 内的陆域范围	补充	长期
	东海水道饮用水水源二级保护区			东凤水厂取水口下游 1 000 m 起至细滘大桥（取水口下游约 5 360 m）的河段；不包含佛山一侧；水质保护目标为Ⅱ类	相应一级保护区水域沿岸河堤外坡脚向陆纵深 60 m 内的除一级保护区的陆域范围以及相应二级保护区水域沿岸河堤外坡脚向陆纵深 30 m 内的陆域范围（不含佛山市境内部分）		
6	东升水厂饮用水水源一级保护区	东升水厂	小榄水道	东升水厂取水口上游 1 000 m 至下游 1 000 m 的河段；水质保护目标为Ⅱ类	相应一级保护区水域的两岸河堤外坡脚向陆纵深 30 m 内的陆域范围	补充	2020年
	东升水厂饮用水水源二级保护区			东升水厂上游 1 000 m 上溯至莺歌咀（取水口上游约 5 590 m）、下游 1 000 m 起至沥新渡口（取水口下游约 6 950 m）的河段；水质保护目标为Ⅱ类	相应一级保护区水域沿岸河堤外坡脚向陆纵深 60 m 内的除一级保护区的陆域范围以及相应二级保护区水域沿岸河堤外坡脚向陆纵深 30 m 内的陆域范围		
7	大丰水厂饮用水水源一级保护区	大丰水厂	小榄水道	大丰水厂取水口上游 1 000 m 至下游 500 m 的河段；水质保护目标为Ⅱ类	相应一级保护区水域的两岸河堤外坡脚向陆纵深 30 m 内的陆域范围	核定	长期

序号	保护区名称和级别	水厂名称	所在河流名称	水域保护范围与水质保护目标	陆域保护范围	划分类型	有效时限
7	大丰水厂饮用水水源二级保护区	大丰水厂	小榄水道	大丰水厂取水口上游 1 000 m 起上溯至沥新渡口（取水口上游约 9 240 m）、下游 500 m 起至中山港大桥（取水口下游约 2 000 m）的河段；水质保护目标为 II 类	相应一级保护区水域沿岸河堤外坡脚向陆纵深 60 m 内的除一级保护区的陆域范围以及相应二级保护区水域沿岸河堤外坡脚向陆纵深 30 m 内的陆域范围	核定	长期
8	南头水厂饮用水水源一级保护区	南头水厂	鸡鸦水道	南头水厂取水口上游 1 000 m 至下游 1 000 m 的河段；水质保护目标为 II 类	相应一级保护区水域的两岸河堤外坡脚向陆纵深 30 m 内的陆域范围	补充	长期
	南头水厂饮用水水源二级保护区			南头水厂取水口上游 1 000 m 起上溯至细滘大桥（取水口上游约 5 150 m）、下游 1 000 m 起至浮墟头水闸（取水口下游约 7 500 m）的河段；不包含佛山一侧；水质保护目标为 II 类	相应一级保护区水域沿岸河堤外坡脚向陆纵深 60 m 内的除一级保护区的陆域范围以及相应二级保护区水域沿岸河堤外坡脚向陆纵深 30 m 内的陆域范围		
9	新涌口水厂饮用水水源一级保护区	新涌口水厂	鸡鸦水道	新涌口水厂新取水口上游 1 000 m 至下游 500 m 的河段；水质保护目标为 II 类	相应一级保护区水域的两岸河堤外坡脚向陆纵深 30 m 内的陆域范围	补充	长期
	新涌口水厂饮用水水源二级保护区			新涌口新取水口上游 1 000 m 起上溯至浮墟头水闸（取水口上游约 8 600 m）、下游 500 m 起至中山港大桥（取水口下游约 9 500 m）的河段；水质保护目标为 II 类	相应一级保护区水域沿岸河堤外坡脚向陆纵深 60 m 内的除一级保护区的陆域范围以及相应二级保护区水域沿岸河堤外坡脚向陆纵深 30 m 内的陆域范围		

注：饮用水水源一级保护区水域范围岸线边界为历史最高水位线，对于西江干流中山河段、东海水道、小榄水道和鸡鸦水道则按照河堤岸线控制。

表 3-5   中山市与主干河流相接的内河涌型水源地概况

序号	河涌名称和保护区级别	相连主干流名称	所在镇（街办）	水域保护范围与水质保护目标	陆域保护范围	划分类型	有效时限
1	石岐河西河口段饮用水水源二级保护区	西江	板芙、神湾	以通向河流型饮用水水源主干流的主河涌水闸（或河流汇入口）为起点，沿主河涌（或主河道）中轴线向上游上溯1 000 m；水质保护目标为Ⅲ类	相应二级保护区水域沿岸河堤外坡脚向陆纵深30 m内的陆域范围	补充	长期
2	麻子涌饮用水水源二级保护区		神湾				
3	鸡肠滘饮用水水源二级保护区	小榄水道	小榄				
4	小榄涌饮用水水源二级保护区		小榄				
5	同安涌西段饮用水水源二级保护区		东凤				
6	四垆涌西段饮用水水源二级保护区		东凤				
7	横海涌饮用水水源二级保护区		小榄				
8	婆隆涌饮用水水源二级保护区		小榄				
9	横沥涌饮用水水源二级保护区		东凤				
10	裕安涌饮用水水源二级保护区		东升				
11	鸡笼涌饮用水水源二级保护区		东升				
12	蚬沙涌饮用水水源二级保护区		东升				
13	北部排水渠饮用水水源二级保护区		东升				
14	铺锦沥饮用水水源二级保护区		港口				
15	横迳涌饮用水水源二级保护区		阜沙				
16	大崩涌饮用水水源二级保护区		港口				
17	桂洲水道饮用水水源二级保护区	鸡鸦水道	南头				
18	黄圃水道饮用水水源二级保护区		黄圃				
19	黄沙沥饮用水水源二级保护区		黄圃、三角				
20	同安涌东段饮用水水源二级保护区		东凤				
21	四垆涌东段饮用水水源二级保护区		东凤				
22	南头涌南头镇区段饮用水水源二级保护区		南头				
23	横沥涌东段饮用水水源二级保护区		东凤				
24	大有涌饮用水水源二级保护区		阜沙				
25	阜圩涌浮虚头闸段饮用水水源二级保护区		阜沙				
26	阜圩涌鸦雀尾闸段饮用水水源二级保护区		阜沙				
27	浪网涌饮用水水源二级保护区		民众				
28	三角新涌饮用水水源二级保护区		三角				
29	二滘口沥饮用水水源二级保护区		三角、民众				
30	鸭尾滘饮用水水源二级保护区		民众				

表 3-6 中山市水库型饮用水水源保护区概况

序号	水库名称	水厂名称	所在镇（街办）	水域保护范围与水质保护目标	陆域保护范围	划分类型	有效时限
1	长江水库	长江水厂	东区	一级保护区水域范围为水库正常水位线以下的全部水域；水质保护目标为Ⅱ类	一级保护区陆域范围为取水口侧正常水位线以上 200 m 范围内的陆域，但不超过分水岭的范围；二级保护区陆域范围为水库集雨范围内陆域	核定/补充	长期
2	蛤蟆塘水库	蛤蟆塘水厂	板芙				
3	莲花地水库	南朗濠冲水厂	南朗				
4	箭竹山水库		南朗				
5	横迳水库	南朗水厂	南朗				
6	逸仙水库		南朗				
7	古鹤水库	古鹤水厂	三乡				
8	龙潭水库	龙潭水厂	三乡				
9	田心水库	田心水厂	五桂山				
10	马坑水库	三乡马坑水厂	三乡				
11	古宥水库		神湾				
12	南镇水库		神湾				
13	铁炉山水库		坦洲				
14	马岭水库		南区				
15	长坑水库		五桂山				
16	石寨水库		五桂山				
17	田寮水库		五桂山				

3.2.2 中山市饮用水水源保护区管理现状

3.2.2.1 饮用水水源保护区"划、立"落实情况

（1）推进保护区区划调整

中山市现行饮用水水源保护区划方案于 2010 年 12 月 22 日经广东省人民政府批复同意后组织实施。该区划方案依据《中山市供水设施改造和建设规划（2006—2020）》（以下简称"原供水规划"）的规划成果，划定了河流型保护区 9 个，水库型保护区 17 个，与主干河流相接的内河涌型保护区 30 个。2015 年，中山市对供水规划进行调整，印发实施了《中山市给水工程专项规划（修编）（2014—2020）》（以下简称"现行供水规划"），并对应提出新一轮饮用水水源调整方案。由于部分水厂和取水口未按照供水规划调整，导致中山市存在部分水厂和取水口"应关未关""应调未调"等情形，因此现行饮用水水源区划方案与供水现状不一致，出现部分应关未关的取水口未按水源保护区进行保护等问题。为解决上述问题，中山市已迅速启动新一轮饮用水水源调整，按照饮用水水源相关法律法规及新技术规范，对仍实施供水的在用、备用、规划取水口进行补充划定饮用水水源保护区。

（2）完善一级保护区物理隔离

为提高全市饮用水水源安全性，中山市将饮水安全工程纳入 2016 年民生实事及 2016 年人大一号议案。根据《水污染防治行动计划》、《国家环境保护"十三五"规划基本思路》和《广东省环境保护"十三五"规划基本思路》要求，中山市《生态建设与环境保护"十三五"规划（2016—2020 年）》中提出了以"隔离防护设施建设工程"等为主的饮用水水源保护工程建设目标，推进全市饮水安全工程建设。具体方法是根据《集中式饮用水水源地规范化建设环境保护技术要求》（HJ 773—2015）的要求，结合镇区实际情况，对古镇新水厂、稳益水厂、全禄水厂、南部供水总厂、东海水道、东升水厂、大丰水厂、南头水厂、新涌口水厂等 9 个饮用水水源一级保护区物理隔离防护设施进行建设或完善。在取水口上游及下游一定距离各布置 1 支带红外激光灯的摄像枪并在其附近根据需要增加 LED 灯。

中山市的物理隔离网设计长度为 26 723 m，配套标志牌 30 个、监控设备基础结构 23 个，其作用：一是规范饮用水水源一级保护区内生产、生活活动，减少其带来的安全隐患，建设物理隔离防护栏，提高饮用水水源安全性。二是加强饮用水水源保护区的安保，预防突发事件发生。饮用水水源一级保护区物理隔离防护设施已于 2016 年年底基本完成建设，并于 2017 年上半年按照"完成一个镇区移交一个镇区"的原则，逐个镇区分别进行了现场移交。

（3）饮用水水源保护区落实保护区边界矢量化

虽然 2010 版区划方案批复后各级水源保护区的界线根据中山市土地利用现状进行了初步确定，定界成果纳入了市国土规划，但由于界线数据缺乏、定界信息描述不够清晰，部分建设项目是否位于水源保护区内难以准确确定，给后续的饮用水水源保护区监管带来困难。

2017 年下半年，原中山市环境保护局已根据省环保厅要求，委托第三方技术单位提前介入全禄水厂、大丰水厂等饮用水水源保护区定界工作，按期提交了相关矢量边界成果数据。2018 年年初启动全市饮用水水源保护区边界勘定工作，以饮用水水源保护区划定方案为依据，采用现代测量、GIS 技术相结合的方式，进行饮用水水源保护区边界位置核实、测绘，形成饮用水水源保护区边界数据。饮用水水源保护区边界矢量化工作的开展，进一步明确了全市全部饮用水水源保护区的边界，有利于获得全市不同镇区内的饮用水水源一级、二级保护区面积数据，为全市饮用水水源地生态补偿资金测算提供了依据。同时，明确的边界有利于确定饮用水水源地"属地管理"责任，为饮用水水源地生态补偿绩效考核提供了明确的地域范围。

（4）纳入生态保护红线划定

依据《生态保护红线划定指南》，饮用水水源地的一级保护区为国家级和省级禁止开发区域，必须纳入各地生态保护红线。按照广东省生态保护红线工作的统一部署，要求各地市将生态功能极重要区域及极敏感区域、禁止开发区域、其他各类保护地这三类区域进行空间叠加，与土地利用现状、各类规划充分衔接，完成跨市协调、省市对接等步骤，确定生态保护红线边界。根据工作要求及精神，中山市拟定了《中山市生态保护红线划定工作方案》，并组织相关镇区及相关部门召开中山市生态保护红线划定工作座谈会。明确将饮用水水源保护区纳入生态保护红线范畴，并落实相关科室组织开展饮用水水源保护区边界矢量化工作。中山市收集整理基础数据，在广东省下发红线格局的基础上，开展范围校验、边界调整与核定，广泛征求各部门、各镇区意见，并于 2018 年 5 月形成生态保护红线划定方案。中山市生态保护红线总面积 175.23 km^2，占中山市国土总面积的 9.82%，主要分布在中部五桂山周边及长江水库集水区域。

《中山市生态保护红线划定方案》通过将五桂山区域、中山国家森林公园、长江水库水源涵养林等具有重要水源涵养功能的区域以及全市境内 24 个重要的饮用水水源纳入生态保护红线，覆盖全市 88.80%的水源涵养极重要区域，将切实保障全市居民生活用水安全，有效维护区域水生态安全。

3.2.2.2　饮用水水源地治理情况

（1）逐步建立监测监控系统

1）水源水质监测系统建设情况

近几年，中山市饮用水水源地水质监测体系不断完善。根据《关于印发〈全国集中式生活饮用水水源地水质监测实施方案〉的函》（环办函〔2012〕1266 号）的要求，中山市开展全禄水厂（河流型）和大丰水厂（河流型）两个集中式生活饮用水水源地水质监测。监测频次为每月监测一次，每年丰、枯两期全指标水质监测。根据《关于印发〈广东省典型乡镇集中式生活饮用水水源地水质监测方案〉的通知》（粤环监测函〔2013〕24 号）的要求，中山市增加了 4 个典型乡镇集中式生活饮用水水源的水质监测，包括东区的长江水库（水库型）、小榄镇的东海水道（河流型）、东升镇的东升水厂水源（河流型）、三角镇的新涌口水厂水源（河流型）。监测频次为枯水期、丰水期各监测一次，每年至少一次全指标水质监测。

根据《中山市人民政府关于印发〈中山市水污染防治行动计划实施方案〉的通知》（中府〔2016〕34 号）的要求，中山市进一步扩大水源水质监测范围至全市 12 个镇级及以上城市集中式饮用水水源，包括：①全禄水厂饮用水水源地（河流型）和大丰水厂饮用水水源地（河流型）等两个地级及以上城市集中式饮用水水源。②古镇新水厂饮用水水源地（河流型）、稳益水厂饮用水水源地（河流型）、东升水厂饮用水水源地（河流型）、南头水厂饮用水水源地（河流型）、新涌口水厂饮用水水源地（河流型）、长江水库饮用水水源地（水库型）、龙潭水库饮用水水源地（水库型）、南镇水库饮用水水源地（水库型）、东海水道（小榄）饮用水水源地（河流型）、东海水道（东凤）饮用水水源地（河流型）

等 10 个镇级城市集中式饮用水水源。其中南头水厂、稔益水厂、东海水道（东凤）的监测数据引用其附近地表水监测断面的数据。监测频次参照广东省典型乡镇集中式生活饮用水水源地水质监测方案中的要求，为枯水期、丰水期各监测一次，每年至少一次全指标水质监测。

由表 3-7 可知，中山市饮用水水源水质监测目前仅覆盖全市 9 个河流型饮用水水源保护区中的 8 个，未包括南部供水总厂；仅覆盖全市 17 个水库型饮用水水源保护区中的 3 个，尚有 14 个水库型饮用水水源保护区未纳入全市水源水质监测系统中；全市 30 个河涌型饮用水水源保护区均未纳入全市水源水质监测系统中。

表 3-7　中山市饮用水水源保护区水质监测情况

序号	水源地名称	级别	所在镇区	水源地类型	水源地水质目标	监测指标	监测频次
1	全禄水厂	一级	大涌镇	河流型	II 类	63 项（全分析 111 项）	每个月 1 次，一年共 12 次（其中 2 次全分析）
2	大丰水厂	一级	港口镇	河流型	II 类	63 项（全分析 111 项）	每个月 1 次，一年共 12 次（其中 2 次全分析）
3	古镇新水厂	一级	古镇镇	河流型	II 类	63 项（全分析 111 项）	每半年 1 次，一年共 2 次（其中 1 次全分析）
4	稔益水厂	一级	横栏镇	河流型	II 类	63 项（全分析 111 项）	每半年 1 次，一年共 2 次（其中 1 次全分析）
5	东海水道	一级	小榄镇	河流型	II 类	63 项（全分析 111 项）	每半年 1 次，一年共 2 次（其中 1 次全分析）
6	东海水道	一级	东凤镇	河流型	II 类	63 项（全分析 111 项）	每半年 1 次，一年共 2 次（其中 1 次全分析）
7	东升水厂	一级	东升镇	河流型	II 类	63 项（全分析 111 项）	每半年 1 次，一年共 2 次（其中 1 次全分析）
8	南头水厂	一级	南头镇	河流型	II 类	63 项（全分析 111 项）	每半年 1 次，一年共 2 次（其中 1 次全分析）
9	新涌口水厂	一级	三角镇	河流型	II 类	63 项（全分析 111 项）	每半年 1 次，一年共 2 次（其中 1 次全分析）
10	南部供水总厂	一级	神湾镇	河流型	II 类	63 项（全分析 111 项）	每半年 1 次，一年共 2 次（其中 1 次全分析）
11	长江水库	—	东区	水库型	II 类	66 项（全分析 114 项）	每半年 1 次，一年共 2 次（其中 1 次全分析）
12	南镇水库	—	神湾镇	水库型	II 类	66 项（全分析 114 项）	每半年 1 次，一年共 2 次（其中 1 次全分析）
13	龙潭水库	—	三乡镇	水库型	II 类	66 项（全分析 114 项）	每半年 1 次，一年共 2 次（其中 1 次全分析）

2）水源水质监测结果情况

2013—2017 年水源水质监测结果显示，全市河流型饮用水水源一级保护区水质情况较好，普遍达标，仅全禄水厂在 2018 年上半年出现左岸氨氮偶然超Ⅱ类标准的情况。但是长江水库、龙潭水库和南镇水库等 3 个水库型饮用水水源保护区的水质均长期存在总氮超标和总磷偶然超标的情况（表 3-8）。

表 3-8　近五年全市部分饮用水水源地水质监测结果表

序号	水源地名称	水源地水质目标	水质状况（2013—2017 年）	水质状况（2018 年上半年）
1	全禄水厂	Ⅱ类	Ⅱ类	Ⅱ类（左岸氨氮偶然超标）
2	大丰水厂	Ⅱ类	Ⅱ类	Ⅱ类
3	古镇新水厂	Ⅱ类	Ⅱ类	Ⅱ类
4	稳益水厂	Ⅱ类	Ⅱ类	Ⅱ类
5	东海水道	Ⅱ类	Ⅱ类	Ⅱ类
6	东海水道	Ⅱ类	Ⅱ类	Ⅱ类
7	东升水厂	Ⅱ类	Ⅱ类	Ⅱ类
8	南头水厂	Ⅱ类	Ⅱ类	Ⅱ类
9	新涌口水厂	Ⅱ类	Ⅱ类	Ⅱ类
10	斗门大桥	Ⅱ类	Ⅱ类	Ⅱ类
11	布洲	Ⅱ类	Ⅱ类	Ⅱ类
12	横栏六沙	Ⅱ类	Ⅱ类	Ⅱ类
13	鸡肠滘	Ⅱ类	Ⅱ类	Ⅱ类
14	滨涌水闸	Ⅱ类	Ⅱ类	Ⅱ类
15	南头渡口	Ⅱ类	Ⅱ类	Ⅱ类
16	百里口渡口	Ⅱ类	Ⅱ类	Ⅱ类
17	长江水库	Ⅱ类	Ⅲ类（主要为总氮超标、总磷偶然超标）	Ⅲ类（主要为总氮超标、总磷偶然超标）
18	南镇水库	Ⅱ类	Ⅲ类（主要为总氮超标）	Ⅲ类（主要为总氮超标）
19	龙潭水库	Ⅱ类	Ⅲ类（主要为总氮超标、总磷偶然超标）	Ⅲ类（主要为总氮超标、总磷偶然超标）

3）小结

目前，中山市饮用水水源地水质监测系统覆盖度不足。首先体现在水源水质监测未完全覆盖全市饮用水水源保护区。其次部分饮用水水源保护区存在跨镇区的情况，目前水源水质监测未设置保护区内跨镇区断面监测，难以监测和反映镇区水质保护效果以及判断水源水质污染责任。

（2）开展水源地环境状况评估

中山市于 2011 年开始，连续 7 年按相关要求开展辖区内城市集中式饮用水水源环境状况调查评估，发现并解决了一些饮用水水源地环境建设和管理等方面的突出问题。中山市水源地环境状况评估的对象包括全禄水厂饮用水水源地和大丰水厂饮用水水源地两个城市集中式饮用水水源地。2017 年农村饮用水水源环境状况评估数据正在采集中，调查了包括古镇新水厂、稳益水厂、中山市南镇供水有限公司、小榄永宁水厂（小榄水厂）、东凤水厂、东升水厂、南头水厂和新涌口水厂等 8 个水厂对应的饮用水水源地的基础信息。

可见，目前中山市尚未形成对全市饮用水水源地环境状况进行全面调查评估的工作机制，河涌型饮用水水源保护区和部分水库型水源保护区水质监测缺位，难以及时了解饮用水水源水质现状及其变化状况，不利于水源风险防控。

（3）建立集中式饮用水水源地环境保护日常巡查制度

2015 年，中山市发布实施《中山市生态保护区及集中式饮用水水源地环境保护巡查制度》（中环办〔2015〕19 号），标志着全市生态保护区及集中式饮用水水源地环境保护巡查制度建立。2017 年 7 月，中山市环境保护局对该文件进行修订完善，形成《中山市生态保护区及集中式饮用水水源地环境保护巡查制度（2017 年修订版）》（以下简称《巡查制度》）。

《巡查制度》规定的纳入全市集中式饮用水水源地环境保护巡查范围的活动包括河流型和水库型饮用水水源保护区及周边隐患地区开展的定期和不定期执法检查活动。

巡查工作主要由市镇环境监察部门负责，市环境监察分局对"两保护区"每季度至少抽查一次，同时不定期组织开展生态保护区、饮用水水源保护区的环境稽查行动和汛期突击巡查行动；镇区环保分局对辖区内生态保护区、集中式饮用水水源保护区及其周边隐患地区每季度至少全面巡查一次。

巡查内容主要包括：①保护区环境现状，包括环评执行情况、建设项目环评和"三同时"制度执行情况、污染物处理和排放情况。②保护区内环境违法行为，包括超标准排放废水、废气、噪声及倾倒固体废物或向饮用水水源水体排放污水。根据《巡查制度》，对发现可能直接导致影响饮用水水源安全的违法行为应立即取证、及时制止，对涉嫌环境犯罪的依法移交司法机关处理；对巡查中发现的突发性污染事件，应及时上报突发事件信息，根据中山市相关突发环境应急预案开展工作；对巡查中发现保护区内存在新建、扩建违法建设项目的，应当即责令制止，并依法实施立案查处。

（4）推进风险排查及应急能力建设

为高效、科学、有序开展饮用水水源地突发环境事件的应急救援和应急处置工作，全面提高应对涉及饮用水水源地突发环境事件的能力，及时有效地处理对饮用水水源地构成威胁或造成污染的各类突发环境事件，2015 年，中山市发布实施《中山市环境保护局饮用水水源地突发环境事件应急处置预案》，在全市环保系统内建立健全"有险快动、动必快控、控必有效"的应对饮用水水源地突发环境事件的预防、预警和应急机制。

在广东省环保厅和中山市政府的统一领导下，成立中山市环境保护局突发环境污染事件应急领导小组，设立应急办公室。下设应急监察分队、应急监测分队和 24 个镇（区）环保分局应急领导小组（图 3-1）。

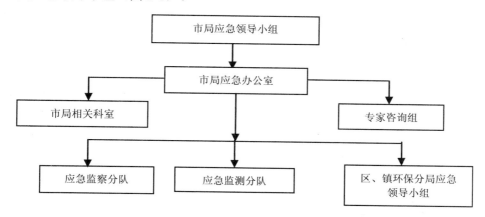

图 3-1　中山市饮用水水源地突发环境事件应急组织机构

3.2.2.3　饮用水水源地管理分工及其执行情况

（1）水源保护区监管规定

根据《广东省饮用水水源水质保护条例》，县级以上人民政府环境保护行政主管部门对饮用水水源水质实施监督管理，应当履行下列职责：①加强监督检查，并做好协调工作。②对影响饮用水水源水质的陆域污染源进行监控。③组织建设饮用水水源水质监测网络，对饮用水水源水质实施监测。④编制本行政区域主要集中式饮用水水源地水质月报，及时向社会发布。⑤会同有关行政主管部门调查处理饮用水水源水质异常情况。⑥会同有关行政主管部门依法对饮用水水源水质污染事故进行处理。县级以上人民政府有关行政主管部门，应当按照下列职责分工，做好饮用水水源水质保护的监督管理工作：①规划行政主管部门应当做好饮用水水源保护区的规划管理工作。②建设行政主管部门或者人民政府确定的行政主管部门应当加强城镇供水设施的建设和保护，以及城镇生活污水和生活垃圾处理设施的建设和管理，优化供水布局。③国土行政主管部门应当优先安排饮用水水源保护工程用地，并依法及时查处饮用水水源保护区内违法用地的行为。④水行政主管部门应当合理配置水资源，维护水体自净能力，会同国土、林业等行政主管部门做好饮用水水源保护有关的水土保持工作。⑤公安部门应当加强对运输剧毒、危险化学品的管理。⑥海事管理机构应当加强对船舶和水上浮动设施污染的防治和监督管理。⑦渔业行政主管部门应当加强渔业船舶和水产养殖业对水质污染的防治。⑧农业行政主管部门应当加强对种植业、畜禽养殖业的监督管理，控制农药、化肥、农膜、畜禽粪便对饮用水水源的污染。⑨林业行政主管部门应当加强对饮用水水源涵养林等植被的保护和管理，做好饮用水水源湿地保护的组织协调工作。⑩卫生行政主管部门应当加强对生活饮用水水质卫生质量的监督、监测和农村饮用水取水点水质的监测工作。其他有关行政主管部门应当按照各自职责，做好饮用水水源水质保护工作。

《中山市水环境保护条例》分别规定了市环保、水、林业和海事等部门以及镇人民政府对饮用水水源保护区的管理分工和饮用水厂的责任。市环境保护主管部门应当在饮用水水源一级保护区周围安装护栏、围网等物理隔离设施，加强对饮用水水源保护区的保护。市水行政主管部门应当加强水库型饮用水水源地水土保持设施建设。市林业主管部门应当加强对饮用水水源保护区防护林、饮用水水源涵养林的建设与管理，做好饮用水水源湿地保护的组织和协调工作。饮用水水源保护区位于通航水域的，其隔离防护设施的设置应当事先征求海事管理机构的意见，尽可能减少对航运安全的影响，并按规定办理相关审批手续。市、镇人民政府应当根据保护饮用水水源的实际需要，对饮用水水源保护区内的公路、桥梁或者航道采取必要的防护措施，防止运输车辆和船舶发生事故污染饮用水水源地。饮用水厂应当加强环境污染应急工程建设，在取水口配置应急监测、防护等设备。

《中山市环境保护局饮用水水源地突发环境事件应急处置预案》要求各镇（区）环保分局分别成立突发环境污染事件应急领导小组，由各镇（区）环保分局局长任组长，制定应急预案，组成应急办公室和应急分队。镇（区）突发环境污染事件应急领导小组的主要职责包括：①发现或接到饮用水水源地突发环境污染事件报告并确认后，及时报告市局应急办公室和镇（区）政府。②按照预警级别迅速启动应急预案，负责处置发生在本辖区内的突发环境污染事件所造成的环境污染；对一般污染事件进行妥善处置。③完成市环境保护局应急领导小组和镇（区）政府赋予的其他任务。④负责涉及饮用水水源地突发环境事件应急过程的记录，评价应急行动，提出环境应急工作建议，进行应急工作总结。⑤负责提供涉及饮用水水源地环境应急工作的各种保障。

《中山市生态保护区及集中式饮用水水源地环境保护巡查制度（2017 年修订版）》对市镇环境监察部门的监察工作进行了规定。

（2）镇区"属地管理"责任

根据以上文件，总结中山市镇区"属地管理"责任的内容主要包括：

①饮用水水源地日常管理（巡查、监测、物理隔离设施维护、监测等）；

②饮用水水源地周围村/社区污水收集和处理设施建设、运维；

③饮用水水源地周围村/社区生活垃圾长效保洁经费；

④饮用水水源地水面及其上游水域保洁；

⑤饮用水水源地周围村/社区生活污水处理设施建设或改建；

⑥饮用水水源地周围村/社区垃圾中转站（场）建设；

⑦饮用水水源地周围村/社区生态公厕；

⑧饮用水水源地周围河道整治建设；

⑨饮用水水源地内及周围农业面源污染综合治理;

⑩饮用水水源地周围水土保持;

⑪饮用水水源地周围自然生态修复;

⑫饮用水水源地内居民搬迁、企业的关停。

3.2.2.4 需重点加强的水源保护区管理关键环节

（1）明确全市所有饮用水水源保护区的边界

明确的饮用水水源保护区边界是确定饮用水水源保护区管理范围、明确生态补偿额度和生态补偿考核范围的依据，因此，明确饮用水水源保护区的边界是饮用水水源地生态补偿政策实施的前提。一直以来，中山市饮用水水源保护区边界均依据《关于同意调整中山市饮用水水源保护区划方案的批复》（粤府函〔2010〕303 号）中的水域保护范围和陆域保护范围的文字说明。2016 年，中山市开展了全市 9 个河流型饮用水水源一级保护区物理隔离防护设施建设，由于现场的限制，部分物理隔离防护设施并非完全切合该规定。

2017 年开始，中山市先是对长江水库、全禄水厂和大丰水厂 3 个饮用水水源保护区进行边界矢量化，随后扩大至全市所有饮用水水源一级、二级保护区。全市饮用水水源保护区边界矢量化首次提供了清晰、翔实的饮用水水源保护区边界，提供了全市各镇区饮用水水源一级、二级保护区面积分布详细情况，为制定全市饮用水水源地生态补偿资金筹集与分配方案提供了直接依据。

未来，随着饮用水水源保护区边界矢量化工作的完成，中山市有必要尽快开展勘界定标工作，进一步明确地理上的镇区饮用水水源地"属地管理"责任边界。

（2）完善全市饮用水水源水质监测体系

根据《集中式饮用水水源地规范化建设环境保护技术要求》（HJ 773—2015）对饮用水水源水质监测的要求，即河流型饮用水水源：在取水口上游一级保护区、二级保护区水域边界至少各设置 1 个监测断面。水库型饮用水水源在取水口周边一级保护区、二级保护区水域边界至少各设置 1 个监测点位。

2018 年年初，中山市环境保护局启动全市饮用水水源地水质监测体系调查与优化，从进度安排来看，该项工作在 2019 年 2 月前未能完成，因此，有必要在饮用水水源地生态补偿绩效考核时，开展饮用水水源水质补充监测，以支撑考核结果的测算。基于饮用水水源地监测技术要求和生态补偿考核要求，在全市饮用水水源地水质监测需增加监测点位布设情况如表 3-9～表 3-11 所示。其中，河流型饮用水水源保护区需增设 9 个监测点，水库型饮用水水源保护区应增设 14 个监测点，河涌型饮用水水源保护区应增设 30 个监测点。

表 3-9　河流型饮用水水源保护区监测点位增设建议

序号	保护区名称	监测点位现状	一级水域所在镇区	二级水域所在镇区	增设建议
1	古镇新水厂饮用水水源保护区	有	古镇	古镇、横栏	二级保护区
2	稔益水厂饮用水水源保护区	有	横栏	横栏	二级保护区
3	全禄水厂饮用水水源保护区	有	大涌	横栏、板芙、大涌	二级保护区
4	南部供水总厂饮用水水源保护区	有	板芙	板芙、神湾	二级保护区
5	东海水道饮用水水源保护区	有	小榄、东凤	东凤	二级保护区
6	东升水厂饮用水水源保护区	有	东凤、东升	小榄、东凤、东升、港口、阜沙	二级保护区
7	大丰水厂饮用水水源保护区	有	港口	东升、港口	二级保护区
8	南头水厂饮用水水源保护区	有	南头、东凤	南头、黄圃、东凤、阜沙	二级保护区
9	新涌口水厂饮用水水源保护区	有	港口、三角	黄圃、民众、港口、三角、阜沙	二级保护区

表 3-10　水库型饮用水水源保护区监测点位增设建议

序号	水库名称	监测点位现状	水厂名称	所在镇（街办）	增设建议
1	长江水库	有	长江水厂	东区	—
2	蛉蚔塘水库	无	蛉蚔塘水厂	板芙	增加
3	莲花地水库	无	南朗濠冲水厂	南朗	增加
4	箭竹山水库	无		南朗	增加
5	横迳水库	无	南朗水厂	南朗	增加
6	逸仙水库	无		南朗	增加
7	古鹤水库	无	古鹤水厂	三乡	增加
8	龙潭水库	有	龙潭水厂	三乡	—
9	田心水库	无	田心水厂	五桂山	增加
10	马坑水库	无	三乡马坑水厂	三乡	增加
11	古宥水库	无		神湾	增加
12	南镇水库	有		神湾	—
13	铁炉山水库	无		坦洲	增加
14	马岭水库	无		南区	增加
15	长坑水库	无		五桂山	增加
16	石寨水库	无		五桂山	增加
17	田寮水库	无		五桂山	增加

表 3-11　河涌型饮用水水源保护区监测点位增设建议

序号	河涌名称和保护区级别	相连主干流名称	所在镇区	汇入的水源保护区	汇入点与对应取水点的关系	监测点位现状	近期参照断面
1	石岐河西河口段饮用水水源二级保护区	西江	板芙、神湾	南部供水总厂饮用水水源保护区	下游	无	
2	麻子涌饮用水水源二级保护区		神湾	南部供水总厂饮用水水源保护区	下游	无	
3	鸡肠滘饮用水水源二级保护区	小榄水道	小榄	东升水厂饮用水水源保护区	上游	无	东升水厂饮用水水源保护区
4	小榄涌饮用水水源二级保护区		小榄	东升水厂饮用水水源保护区	上游	无	东升水厂饮用水水源保护区
5	同安涌西段饮用水水源二级保护区		东凤	东升水厂饮用水水源保护区	上游	无	东升水厂饮用水水源保护区
6	四埒涌西段饮用水水源二级保护区		东凤	东升水厂饮用水水源保护区	上游	无	东升水厂饮用水水源保护区
7	横海涌饮用水水源二级保护区		小榄	东升水厂饮用水水源保护区	上游	无	东升水厂饮用水水源保护区
8	婆隆涌饮用水水源二级保护区		小榄	东升水厂饮用水水源保护区	上游	无	东升水厂饮用水水源保护区
9	横沥涌饮用水水源二级保护区		东凤	东升水厂饮用水水源保护区	上游	无	东升水厂饮用水水源保护区
10	裕安涌饮用水水源二级保护区		东升	东升水厂饮用水水源保护区	上游	无	东升水厂饮用水水源保护区
11	鸡笼涌饮用水水源二级保护区		东升	东升水厂饮用水水源保护区	下游	无	大丰水厂饮用水水源保护区
12	蚬沙涌饮用水水源二级保护区		东升	东升水厂饮用水水源保护区	下游	无	大丰水厂饮用水水源保护区
13	北部排水渠饮用水水源二级保护区		东升	东升水厂饮用水水源保护区	下游	无	大丰水厂饮用水水源保护区
14	铺锦沥饮用水水源二级保护区		港口	大丰水厂饮用水水源保护区	上游	无	大丰水厂饮用水水源保护区
15	横迳涌饮用水水源二级保护区		阜沙	东升水厂饮用水水源保护区	下游	无	大丰水厂饮用水水源保护区
16	大崩涌饮用水水源二级保护区		港口	大丰水厂饮用水水源保护区	上游	无	大丰水厂饮用水水源保护区
17	桂洲水道饮用水水源二级保护区	鸡鸦水道	南头	南头水厂饮用水水源保护区	上游	无	南头渡口断面
18	黄圃水道饮用水水源二级保护区		黄圃	南头水厂饮用水水源保护区	下游	无	新涌口水厂饮用水水源保护区

序号	河涌名称和保护区级别	相连主干流名称	所在镇区	汇入的水源保护区	汇入点与对应取水点的关系	监测点位现状	近期参照断面
19	黄沙沥饮用水水源二级保护区		黄圃、三角	新涌口水厂饮用水水源保护区	上游	无	新涌口水厂饮用水水源保护区
20	同安涌东段饮用水水源二级保护区		东凤	南头水厂饮用水水源保护区与东海水道饮用水水源保护区交界	—	无	南头渡口断面
21	四圩涌东段饮用水水源二级保护区		东凤	南头水厂饮用水水源保护区	上游	无	南头渡口断面
22	南头涌南头镇区段饮用水水源二级保护区		南头	南头水厂饮用水水源保护区	上游	无	南头渡口断面
23	横沥涌东段饮用水水源二级保护区		东凤	东升水厂饮用水水源保护区	上游	无	东升水厂饮用水水源保护区
24	大有涌饮用水水源二级保护区	鸡鸦水道	阜沙	新涌口水厂饮用水水源保护区	上游	无	新涌口水厂饮用水水源保护区
25	阜圩涌浮虚头闸段饮用水水源二级保护区		阜沙	南头水厂饮用水水源保护区与新涌口水厂饮用水水源保护区交界	交界	无	新涌口水厂饮用水水源保护区
26	阜圩涌鸦雀尾闸段饮用水水源二级保护区		阜沙	新涌口水厂饮用水水源保护区	上游	无	新涌口水厂饮用水水源保护区
27	浪网涌饮用水水源二级保护区		民众	新涌口水厂饮用水水源保护区	下游	无	
28	三角新涌饮用水水源二级保护区		三角	新涌口水厂饮用水水源保护区	下游	无	
29	二滘口沥饮用水水源二级保护区		三角、民众	新涌口水厂饮用水水源保护区	下游	无	
30	鸭尾滘饮用水水源二级保护区		民众	新涌口水厂饮用水水源保护区	下游	无	

（3）增强镇区饮用水水源地管理能力

目前镇区政府饮用水水源地"属地管理"职责的落实主要由镇区环保分局承担，在实际执行中普遍存在人力、财力、物力不足的问题。未来几年，是全市饮用水水源地管理制度、机制进一步完善的一个阶段，饮用水水源地管理责任重、任务紧，为切实提高镇区饮用水水源地"属地管理"责任落实，可考虑利用饮用水水源地生态补偿资金增强镇区饮用水水源地管理能力。

第 4 章

饮用水水源地生态补偿模式选择

4.1　中山市饮用水水源地生态补偿需求分析

4.1.1　饮用水水源地环境外部性分析

为了保障饮用水水源水质安全，相关规定（表 4-1）对饮用水水源保护区内的开发建设行为进行了限制。其中，饮用水水源一级保护区的限制要求最为刚性，不得设置排污口和存在与供水设施和保护水源无关的建设项目。早在 2010 年进行全市饮用水水源保护区调整时，便已对中山市饮用水水源一级保护区内企业与违章建筑基本清理完毕。对于饮用水水源二级保护区，规定禁止新建、改建、扩建排放污染物的建设项目；已建成的排放污染物的建设项目，由县级以上人民政府责令拆除或者关闭。

表 4-1　饮用水水源保护区内对开发建设的限制规定

序号	名称	实施日期	对饮用水水源保护区内开发建设的限制规定
1	《中华人民共和国水污染防治法实施细则》（中华人民共和国国务院令　第 284 号）	2000 年 3 月 20 日	第二十二条　生活饮用水地表水源一级保护区的保护，依照水污染防治法第二十条的规定执行。 第二十三条　禁止在生活饮用水地表水源二级保护区内新建、扩建向水体排放污染物的建设项目。在生活饮用水地表水源二级保护区内改建项目，必须削减污染物排放量。 禁止在生活饮用水地表水源二级保护区内超过国家规定的或者地方规定的污染物排放标准排放污染物。 禁止在生活饮用水地表水源二级保护区内设立装卸垃圾、油类及其他有毒有害物品的码头
2	《珠江三角洲环境保护条例》	1999 年 1 月 1 日	第二十七条　饮用水地表水源保护区内执行下列规定： （一）排放水污染物必须符合排污许可证规定的标准和总量。当水污染物排放总量不能保证水质目标时，应削减水污染物排放总量； （二）禁止毁林开荒，破坏植被和非更新性砍伐水源林、护岸林、

序号	名称	实施日期	对饮用水水源保护区内开发建设的限制规定
2	《珠江三角洲环境保护条例》	1999年1月1日	以及使用炸药、毒品捕杀鱼类等破坏水环境生态的行为； （三）禁止向水域排放和倾倒残油、废油、油性混合物、垃圾、粪便、工业废渣及其他废弃物； （四）禁止设置占用河面经营或直接向河面水体排放污染物的餐饮场所； （五）禁止建设大中型畜禽饲养场。 第二十八条　饮用水地表水源二级保护区内，除执行第二十七条规定外，还应执行下列规定： （一）禁止新建、扩建向水体排放污染物的建设项目，改建项目必须削减污染物的排放量。已有的排污口排放的污染物使水体达不到规定的水质标准时，由县级以上环境保护行政主管部门制订污染物削减计划，并监督排污单位执行，削减后仍达不到规定的水质目标的，由县级以上人民政府按照规定的权限责令限期拆除或治理； （二）禁止发展新的城镇，控制已建成的人口集中居住区；已建成的城镇和居住区内的生活污水应进行处理后方可排放； （三）禁止在河面围养禽畜以及河岸或河中沙洲设置禽畜饲养点、饲养场； （四）禁止堆置和填埋工业废渣、城市垃圾和其他废弃物； （五）禁止设置装卸油类、垃圾、粪便和有毒物品的码头。 第二十九条　饮用水地表水源一级保护区内，除执行第二十七条和第二十八条规定外，还应执行下列规定：（一）禁止向水体排放污水；原已设置的排污口，由县级以上人民政府按照规定的权限责令限期拆除；（二）禁止新建、扩建与供水设施和保护水源无关的建设项目；原已建成的建设项目，由县级以上人民政府制订拆除计划，限期拆除。（三）禁止从事旅游、游泳和其他可能污染水体的活动
3	《广东省环境保护条例》	2005年1月1日颁布，2015年1月13日修订	第五十一条　各级人民政府应当加强饮用水水源保护，保障饮用水的安全、清洁。禁止在水库等饮用水水源保护区设置排污口和从事采矿、采石、取土等可能污染饮用水水体的活动。畜禽养殖和水产养殖应当采取措施避免污染水体。禁止在饮用水水源一级保护区内放养畜禽和从事网箱养殖等可能污染饮用水水体的活动
4	《广东省饮用水水源水质保护条例》	2007年7月1日颁布；2010年7月23日修订；2018年11月29日第二次修订	第十五条　饮用水水源保护区内禁止下列行为：（一）新建、改建、扩建排放污染物的建设项目；（二）设置排污口；（三）设置油类及其他有毒有害物品的储存罐、仓库、堆栈、油气管道和废弃物回收场、加工场；（四）设置占用河面、湖面等饮用水水源水体或者直接向河面、湖面等水体排放污染物的餐饮、娱乐设施；（五）设置畜禽养殖场、养殖小区；（六）排放、倾倒、堆放、填埋、焚烧剧毒物品、放射性物质以及油类、酸碱类物质、工业废渣、生活垃圾、医疗废物、粪便及其他废弃物；（七）从事船舶制造、修理、拆解作业；（八）利用码头等设施装卸油类、

序号	名称	实施日期	对饮用水水源保护区内开发建设的限制规定
4	《广东省饮用水水源水质保护条例》	2007 年 7 月 1 日通过颁布；2010 年 7 月 23 日修订；2018 年 11 月 29 日第二次修订	垃圾、粪便、煤、有毒有害物品；（九）利用船舶运输剧毒物品、危险废物以及国家规定禁止运输的其他危险化学品；（十）运输剧毒物品的车辆通行；（十一）使用剧毒和高残留农药；（十二）使用含磷洗涤剂；（十三）破坏水环境生态平衡、水源涵养林、护岸林、与水源保护相关的植被的活动；（十四）使用炸药、有毒物品捕杀水生动物；（十五）开山采石和非疏浚性采砂；（十六）其他污染水源的项目。 运载前款第九项规定以外物品的船舶穿越饮用水水源保护区，应当配备防溢、防渗、防漏、防散落设备，收集残油、废油、含油废水、生活污染物等废弃物的设施，以及船舶发生事故时防止污染水体的应急设备。 第十六条　饮用水水源一级保护区内还禁止下列行为：（一）新建、改建、扩建与供水设施和保护水源无关的项目；（二）设置旅游设施、码头；（三）向水体排放、倾倒污水；（四）放养畜禽和从事网箱养殖活动；（五）从事旅游、游泳、垂钓、洗涤和其他可能污染水源的活动；（六）停泊与保护水源无关的船舶、木（竹）排。 第十七条　饮用水水源一级保护区内已建成的与供水设施和保护水源无关的建设项目，以及饮用水水源二级保护区内已建成的排放污染物的建设项目，由县级以上人民政府依法责令拆除或者关闭。在饮用水水源二级保护区内从事网箱养殖、旅游等活动的，应当按照规定采取措施，防止污染饮用水水体。禁止在饮用水水源准保护区内新建、扩建对水体污染严重的建设项目；改建建设项目，不得增加排污量
5	《中华人民共和国水污染防治法》	2008 年 6 月 1 日；2017 年 6 月 24 日修订	第六十四条　在饮用水水源保护区内，禁止设置排污口。 第六十五条　禁止在饮用水水源一级保护区内新建、改建、扩建与供水设施和保护水源无关的建设项目；已建成的与供水设施和保护水源无关的建设项目，由县级以上人民政府责令拆除或者关闭。禁止在饮用水水源一级保护区内从事网箱养殖、旅游、游泳、垂钓或者其他可能污染饮用水水体的活动。 第六十六条　禁止在饮用水水源二级保护区内新建、改建、扩建排放污染物的建设项目；已建成的排放污染物的建设项目，由县级以上人民政府责令拆除或者关闭。在饮用水水源二级保护区内从事网箱养殖、旅游等活动的，应当按照规定采取措施，防止污染饮用水水体。 第六十七条　禁止在饮用水水源准保护区内新建、扩建对水体污染严重的建设项目；改建建设项目，不得增加排污量
6	《中山市水环境保护条例》	2016 年 6 月 1 日	第二十三条　饮用水水源地一级保护区内已建成的与供水设施和保护水源无关的建设项目和饮用水水源二级保护区内已建成的排放污染物的建设项目，由市人民政府依法责令拆除或者关闭

4.1.1.1　饮用水水源地内排污口、工业与餐饮业整治情况

在全市饮用水水源保护区调整后，中山市政府于 2012 年 8 月起正式启动饮用水水源保护区违法建设项目整治，有计划、分步骤整治饮用水水源保护区内污染隐患。到 2013 年 6 月，全市共完成 402 个饮用水水源保护区违法建设项目的专项整治工作，其中 34 个为重点整治项目。已基本上清除了饮用水水源一级保护区内所有与供水或保护水源无关的建设项目，以及饮用水水源二级保护区内堤外重污染工业建设项目，饮用水水源地生态环境得到进一步改善。其后，中山市组织开展了饮用水水源保护区违法建设项目第二阶段专项整治，整治范围为饮用水水源二级保护区内设置有直接排污口及对饮用水水源构成较大威胁的工业建设项目、砂（水泥、煤）堆放场及餐饮企业，其中重点整治堤外工业建设项目及其他类建设项目，并确定第二阶段专项整治项目为 137 个。这些待整治项目分布在全市 15 个镇区，主要位于西江、鸡鸦水道、小榄水道这 3 个二级保护区，其中鸡鸦水道二级保护区有 70 个，西江和小榄水道各 36 个和 31 个。整治办法主要包括清理关闭、在堤外用地不得设置排污口的条件下保留、限期搬迁等。至 2016 年 11 月，第二阶段重点整治堤外的 137 个项目均已基本完成，其中整体搬迁或关停的企业 86 家、产污工序及排污口搬迁至饮用水水源保护区外的企业 10 家、经招标拍卖方式获得保留和经营权的企业 4 家（均为砂石场）、按程序报市人民法院强制执行的企业 12 家、立案处罚企业 25 家。

4.1.1.2　河流型饮用水水源一级保护区物理隔离实施情况

2016 年，由中山市环境保护局牵头，在古镇新水厂、稔益水厂、全禄水厂、南部供水总厂、东海水道、东升水厂、大丰水厂、南头水厂、新涌口水厂等 9 个河流型饮用水水源一级保护区完成物理隔离防护措施建设，包括相应指示或警告牌等设施。上述 9 个饮用水水源一级保护区物理隔离网设计长度为 26 723 m，配套标志牌 30 个、监控设备基础结构 23 个，此外，在取水口上游及下游一定距离各布置 1 支带红外激光灯的摄像枪并在其附近根据需要增加 LED 灯。

4.1.1.3　饮用水水源地居住与农业活动现状

以长江库区为例，自市政府 2005 年 12 月将辖管的 14 个水库纳入五桂山生态保护区重点保护以来，区内养殖场及林果场已迁出，无任何生产单位及个人。长江库区内村庄，在 1959 年建设长江水库时已将 16 个自然村迁出，余下的大寮村在 1988 年迁出，剩下的只有福获村未迁出，改革开放至今已自行迁出 50 多户，福获村居民现有 79 户，约 300 人。长江库区共有生态公益林约 4 万亩（含福获村），其他林地约 1 000 亩；基本农田 700 亩（含鱼塘），其他耕地 900 亩。

福获村的生活污水进入由市政府建设的雨污分流工程，避免村民生活污水污染饮用水水源。村民生活垃圾、餐饮污染、游客生活垃圾等交由长江三溪社区处置（表 4-2）。

表 4-2　五桂山生态保护区内水库型饮用水水源保护区内工业和群众居住情况

水库名称	地理位置	周边工业及群众居住情况
长江	中山市五桂山北麓	长江村、小鳌溪村、大鳌溪村、宫花村、西椏村、江尾头村、义学村、神冲村、大环村、凌岗村、张家边村、小隐村、京珠高速公路、广珠城市轻轨、博爱路、中山路、外环路、长江路、逸仙公路、沿江公路、中山发电二厂、凯茵新城、凯茵豪园、博文学校、壹加壹商场、中国银行凯茵支行、中国工商银行凯茵支行、长江市场、长江高尔夫球场等重要基础设施
金钟	中山市城区东南面	中山市东区的新安村、库充村、新村、亨尾村、苗圃场宿舍、中山市军分区、城桂公路、博爱路、南外环路、博爱医院、孙文公园、电视广播站、中山市广电局、体育馆等重要基础设施
长坑三级	中山市五桂山镇北台涌支流上	五桂山和平村、国防训练基地、中山教育园区、保安学校、城桂公路等重要基础设施
横窝口	中山市五桂山区	逍遥谷旅游区、五桂山南桥村、城桂公路
石寨	中山市五桂山城桂公路收费站旁	南桥村、城桂公路等重要基础设施
田寮	中山市五桂山山脉主峰	桂南村、桂南大道、桂南旗溪村、粤山泉厂等重要基础设施
利石	中山市五桂山南麓利石坑内	桂南村、桂南大道、桂南旗溪村、粤山泉厂等重要基础设施
船底窝下级	中山市五桂山镇逍遥谷旅游区	逍遥谷旅游区、五桂山南桥村、城桂公路
船底窝上级	中山市五桂山镇逍遥谷旅游区	逍遥谷旅游区、五桂山南桥村、城桂公路

注：本表信息由水务局提供；水库排序以库容大小进行排列。

4.1.2　饮用水水源地生态补偿现状

为保障饮用水水源水质安全，中山市先后启动数轮饮用水水源保护区内与饮用水水源保护无关项目的清理整顿工作。在工作过程中，对部分企业、鱼塘等实施了直接货币补偿、解决用地指标等不同方式的补偿。

（1）补偿搬迁企业土地与建筑物损失

2011—2012 年，中山市对鸡鸦水道沿岸废品收购企业专项整治中为鼓励废品收购企业自觉搬迁，镇政府对限时内主动搬迁的废品收购企业予以一定的经济补偿。其中，阜沙镇规定对持有工商营业执照的 24 家企业 5 月 15 日前拆迁的给予 10 000 元/家自拆补助；对无证照的 16 家企业 5 月 15 日前拆迁的给予 2 000 元/家自拆补助。截至 2012 年 5 月 31 日，黄圃镇已对 17 家废品收购企业发放自拆补助款共 25.5 万元，其余符合补助条件的企业待完成清理验收后再进行发放。

2009 年，古镇镇在清理一级水源保护区建设项目时，按照市公共设施建设拆迁补偿标准，由中介公司询价评估后对原大桥化工有限公司项目给予补偿，主要对土地及地上建筑物进行补偿，项目占地约 15 亩，补偿费用为 660 万元。

（2）解决用地，安置企业异地经营

2012 年，为解决鸡鸦水道沿岸废品收购搬迁后的出路问题，阜沙镇于阜沙村 13 队腾出 150 亩土地建设阜沙镇废旧金属市场，重点接纳上述企业。

2011 年，古镇镇在进行古三村二级水源保护区整治时，清理 300 亩围外用地，共 177 家企业，因历史原因，由古三村提供约 100 亩的工业用地补偿给围外企业。

（3）补偿承包户的鱼塘租金损失

东升镇在进行镇内饮用水水源一级保护区堤外鱼塘养殖场整治时，对未到租期的养殖户进行经济补偿。涉及的 4 家鱼塘养殖场的合同发包期限均到 2019 年 12 月 30 日，经与养殖户多次协商，并报镇党委会批准，镇政府对养殖户给予清理补偿。4 家鱼塘养殖场清理工作总包干费用补偿金分别为 6 万～45 万元不等，合计 98.5 万元。

（4）补偿已出租鱼塘村民的租金收入损失

中山市饮用水水源一级、二级保护区内仍有部分土地为村集体土地。东升镇在进行镇内饮用水水源一级保护区堤外鱼塘养殖场的整治时，待清理的 4 家鱼塘养殖场的合同发包期限均到 2019 年 12 月 30 日，涉及裕民社区 6 个居民小组 2 798 名村民的集体"分红"利益，租金合计每年 56.5 万元。经与社区居民小组负责人多次协商，并报镇党委会批准，镇政府对社区居民小组给予租金补偿。按合同期限 2017 年 10 月 1 日至 2019 年 12 月 30 日，合计约 127.13 万元；2020 年起，每年原则上由镇政府按照原签订合同租金（56.5 万元）扣除上级补助后补偿给 6 个居民小组。

（5）直接租赁保护区内土地

为保护长江水库水源水质，森保中心采用租赁的方式，自 2004 年开始向村民租赁库区内山地、林地、农田、鱼塘，限制上述土地的开发。上述土地的租赁标准为山地 16 元/（亩·a），林地、农田 400 元/（亩·a），鱼塘 600 元/（亩·a）。

此外，每年市财政从全市水资源费中提取部分资金（约占全市水资源费的 10%）返还给五桂山自然保护区，主要用于水源保护。目前，中山市全市排污收费的 70% 返还镇区，由镇区政府用于包括饮用水水源地管理在内的环保支出（表 4-3）。

表 4-3　2010—2014 年全市水资源费返还五桂山自然保护区资金

年份	2010	2011	2012	2013	2014
金额/万元	400	400	450	543	290

注：本表信息由水务局提供。

4.1.3　饮用水水源地生态补偿必要性

4.1.3.1　开展饮用水水源地生态补偿有法可依

2016 年 6 月 1 日开始实施的《中山市水环境保护条例》规定："因划定和调整饮用水水源保护区，对饮用水水源保护区内的公民、法人和其他组织的合法权益造成损害的，由项目和设施所在地的镇人民政府进行协商并依法补偿。"这为中山市开展饮用水水源地生态补偿提供了法律依据。

4.1.3.2　开展饮用水水源地生态补偿众望所归

全市 24 个镇区普通群众的问卷调查结果显示，中山市普通群众对是否对饮用水水源周围人民发展权受限进行生态补偿的态度非常明确，超过九成（91.4%）的受访者认为"应该"进行补偿，仅 4.5% 的受访者认为"没有必要"，其余 4.1% 的受访者认为"没所谓"。以上调查结果显示，开展饮用水水源地生态补偿是中山市民的共同愿望。

4.1.3.3　开展饮用水水源地生态补偿是落实生态控制线、生态保护红线生态补偿的重要内容

从相关技术规范看，饮用水水源地是禁止开发区、生态控制线和生态保护红线的重要组成部分，因此，饮用水水源地生态补偿是落实生态控制线生态补偿、生态保护红线生态补偿的重要内容，有必要尽快开展。

4.1.3.4　生态补偿政策是调节水源保护矛盾的有力手段之一

饮用水水源地均为保护压力与发展压力交错的矛盾多发地带，虽然目前已经完成了 9 个河流型饮用水水源一级保护区的物理隔离，但是对于未物理隔离的一级保护区、二级保护区，如何控制人类开发活动和排污行为、保障饮用水水源安全，关系到中山市市民饮水安全和社会稳定。通过持续开展排污口、工业和餐饮业整治，饮用水水源保护区排污口、工业和餐饮业污染整体得到控制，但是，目前部分饮用水水源保护区内尚有集体林地、耕地、鱼塘等。出于水源保护需要对上述土地的开发利用行为进行限制，可能导致其所有者利益受损，因此，有必要对其进行生态补偿，及时调节矛盾，保障水源安全。

4.2　中山市饮用水水源地生态补偿总体思路

饮用水水源地生态补偿可以从两个角度进行制度设计：一是仅对存在所在镇区和服务镇区不对称的饮用水水源地，实施跨镇区横向饮用水水源地生态补偿；二是对全市饮用水

水源地，实施纵横向结合的饮用水水源地生态补偿。

跨镇区横向饮用水水源地生态补偿和全市饮用水水源地生态补偿两者在空间范围、补偿侧重点和主客体上均有所不同。其中，跨镇区横向饮用水水源地生态补偿主要通过镇（区）横向补偿解决饮用水水源地所在地与服务范围不对称的问题，同时涵盖了相关一、二级水源保护区，其生态补偿责任主体是饮用水水源地所在镇区和服务镇区。全市饮用水水源地生态补偿主要是基于饮用水水源地的包括水源水供给在内的生态系统服务功能，在全市空间尺度进行补偿，其生态补偿责任主体包括市政府、饮用水水源地所在镇区和服务镇区。

4.2.1 跨镇区横向饮用水水源地生态补偿思路

对于存在所在镇区和服务镇区不对称的饮用水水源地，实施跨镇区横向饮用水水源地生态补偿，由自该饮用水水源地取水的水厂所服务的镇区直接对饮用水水源地所在镇区支付补偿。目前中山市存在所在镇区和服务镇区不对称的饮用水水源地主要有全禄水厂饮用水水源一、二级保护区，南部供水总厂饮用水水源一、二级保护区，东升水厂饮用水水源一级保护区，大丰水厂饮用水水源一、二级保护区，新涌口水厂饮用水水源一、二级保护区，长江水库，田心水库，古宥水库和南镇水库等 9 个饮用水水源保护区，根据"谁受益、谁补偿；谁保护，谁受偿"的原则，上述 9 个饮用水水源地生态补偿的主体和客体见表 4-4。

表 4-4 中山市饮用水水源地跨镇区横向生态补偿的主体和客体建议

序号	保护区名称	所在镇区	服务镇区	补偿主体	补偿客体
1	全禄水厂饮用水水源保护区	大涌	中心城区、大涌、港口、沙溪及南萌、沙朗、坦背、板芙、五桂山、民众	中心城区港口、沙溪、南朗、西区、东升、板芙、五桂山、民众	大涌
2	南部供水总厂饮用水水源保护区	神湾	神湾、三乡和坦洲	三乡、坦洲	神湾
3	东升水厂饮用水水源保护区	东升	东升镇和主城区	石岐区、西区、南区、东区	东升
4	大丰水厂饮用水水源保护区	港口	中心城区、大涌、港口、沙溪、南萌、沙朗、坦背、板芙、五桂山、民众	石岐区、西区、南区、东区、大涌、港口、沙溪、南朗、东升、板芙、五桂山、民众	港口
5	新涌口水厂饮用水水源保护区	三角	三角、浪网及民众部分	民众	三角
6	长江水库饮用水水源保护区	东区	中心城区、大涌、港口、沙溪及南萌、沙朗、坦背、板芙、五桂山、民众部分	西区、南区、石岐区、大涌、港口、沙溪、南朗、东升、板芙、五桂山、民众	东区

序号	保护区名称	所在镇区	服务镇区	补偿主体	补偿客体
7	田心水库饮用水水源保护区	五桂山	三乡	三乡	五桂山
8	古宥水库饮用水水源保护区	神湾	三乡、神湾	三乡	神湾
9	南镇水库饮用水水源保护区	神湾	三乡、神湾	三乡	神湾

4.2.2　全市饮用水水源地生态补偿思路

全市饮用水水源地生态补偿主要针对饮用水水源保护区划定和管理对保护区内部及周围土地开发利用行为的限制程度提高，导致保护区及其周围土地居民和相关单位和个人承受发展机会损失。在设计全市饮用水水源地生态补偿时，考虑其生态补偿理论内涵、性质，建议纳入中山市现行生态公益林和耕地生态补偿体系中，采取基于区域综合平衡的纵横向结合的统筹型生态补偿模式。

基于区域综合平衡的生态补偿责任分配模式是指全市生态公益林、耕地和饮用水水源地生态补偿资金除省下拨和市财政安排的资金外，两项生态补偿资金的缺口资金由镇区生态补偿范围总面积（目前此数据为生态公益林、耕地和饮用水水源地面积之和）占全镇区比例低于全市平均水平的镇区根据综合责任分配系数共同承担。其中，市财政按照 1∶1 配套省财政生态补偿资金，并填补省财政下发资金中用于竞争性分配及 3%的省统筹管理缺口，市、镇（区）财政按照 4∶6 比例分担标准调整后除省财政资金及市财政配套资金的全市新增生态补偿资金，一级财政镇区火炬开发区自行负担新增生态补偿资金，五桂山街道办事处新增生态补偿资金由市财政全额负担。镇区应支付生态补偿资金按镇区生态补偿综合责任分配系数核算。

4.2.3　小结

目前，中山市全市已实现多水源区域联网供水，难以直接区分饮用水水源地的服务和被服务关系。并且，从长远来看，水源联网供水是发展趋势。从这个角度来看，采取跨镇区横向饮用水水源地生态补偿的思路不是很妥当。

2014 年，中山市建立纵横向结合的区域综合统筹型生态补偿政策，主要包括生态公益林生态补偿和耕地生态补偿。2018 年，对该政策进行实施效果评估，结果显示，纵横向结合生态补偿资金筹集模式获得了广泛的认同，并且在激励镇区保护生态公益林和耕地上均取得良好的效果。饮用水水源地生态补偿政策与生态公益林和耕地生态补偿之间，存在相似性，其所在地区为了保护均需承担一定的成本和发展机会损失，而保护所获得的生态系统服务供给增加的享受并不仅限于本地，从这一点看，饮用水水源地生态补偿适合纳入中山市现有区域综合统筹型生态补偿政策框架。不过，由于饮用水水源地保护相较于生态公益林和耕地保护，除保量外，更加强调保质，即水质安全保障。因此，在饮用水水源地生态补偿资金的分配上，有必要进一步考虑"保质"责任的落实。

4.3 全市饮用水水源地生态补偿的主客体

根据饮用水水源保护区管理规定，饮用水水源一级保护区、二级保护区存在排污行为限制较严、当地发展权受限的情况，因此，全市饮用水水源地生态补偿应包括全市饮用水水源一级保护区、二级保护区。详细范围以政府批复文件为准。

从当前中山市饮用水水源地管理责任分工看，市生态环境局负责全市饮用水水源地协调管理工作，而饮用水水源地所在镇区则承担"属地管理"责任。镇区"属地管理"责任的内容主要包括：①饮用水水源地日常管理（巡查、监测、物理隔离设施维护等）。②饮用水水源地周围村/社区污水收集和处理设施建设、运维。③饮用水水源地周围村/社区生活垃圾长效保洁。④饮用水水源地水面及其上游水域保洁。⑤饮用水水源地周围村/社区生活污水处理设施建设或改建。⑥饮用水水源地周围村/社区垃圾中转站（场）建设。⑦饮用水水源地周围村/社区生态公厕建设。⑧饮用水水源地周围河道整治建设。⑨饮用水水源地内及周围农业面源污染综合治理。⑩饮用水水源地周围水土保持。⑪饮用水水源地周围自然生态修复。⑫饮用水水源地内居民搬迁、企业的关停。

根据"谁受益、谁补偿；谁保护，谁受偿"的原则，饮用水水源地所在镇区为补偿客体，市政府代表全市居民进行补偿，考虑公平性，没有饮用水水源地或者饮用水水源地面积较少的镇区也应进行补偿，因此，市政府和部分具有补偿责任的镇区为补偿主体。这一结论与公众调查结果相符合。在问卷调查中设置"应该由谁来支付饮用水水源地生态补偿资金"的问题，其中"市政府"选项获得 57.5%的受访者支持，"取水饮用的镇区"选项获得 32.2%的受访者支持，"所有用水的人"选项获得 31.4%的受访者支持。

第 5 章

饮用水水源地生态补偿标准研究

5.1 基于支付意愿的生态补偿标准研究

5.1.1 问卷调查

为了解中山市市民、镇区政府对饮用水水源地生态补偿政策设计的意见，在全市 24 个镇区进行中山市常住人口的抽样调查，共获得 1 013 份有效问卷（表 5-1）。

表 5-1 中山市饮用水水源地生态补偿公众调查的抽样结果

镇区	受访人数	镇区	受访人数	镇区	受访人数
板芙镇	48	横栏镇	49	三乡镇	46
大涌镇	30	黄圃镇	53	沙溪镇	50
东凤镇	33	火炬开发区	30	神湾镇	32
东区	36	民众镇	53	石岐区	34
东升镇	52	南朗镇	51	坦洲镇	49
阜沙镇	32	南区	50	五桂山	55
港口镇	31	南头镇	30	西区	35
古镇镇	30	三角镇	51	小榄镇	53

调查问卷的内容除了受访者基本情况外，还包括对现有耕地和生态公益林生态补偿的知晓程度与态度，对饮用水水源地生态补偿必要性、生态补偿主体、资金来源和支付意愿的态度等。

5.1.2 公众支付意愿结果

全市 24 个镇区 1 013 个受访者对全市饮用水水源地生态补偿支付意愿如图 5-1 所示，可见，公众对饮用水水源地生态补偿的整体平均支付意愿为 0.243 元/t；其中有 46 人不愿意对饮用水水源地生态补偿进行支付（即为零支付意愿），其余 967 位受访者的平均非零支付意愿为 0.254 元/t。

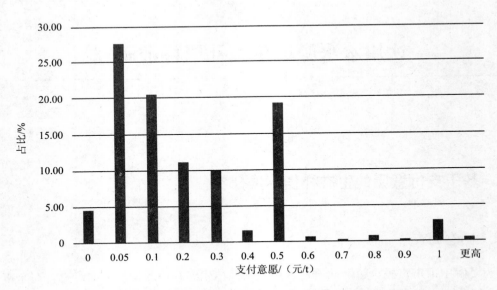

图 5-1　公众对饮用水水源地生态补偿的支付意愿分布情况

5.1.3　基于支付意愿的生态补偿标准

根据《中山市水资源公报》，2017 年全市用水总量为 14.44 亿 t。进一步核算出基于公众支付意愿的全市饮用水水源地生态补偿资金总规模为 3.51 亿～3.67 亿元/a。可见，基于公众整体支付意愿下的全市饮用水水源地生态补偿标准为 1 578.3 元/（亩·a），基于公众非零支付意愿下的全市饮用水水源地生态补偿标准为 1 650.3 元/（亩·a）（表 5-2）。

表 5-2　公众支付意愿下的饮用水水源地生态补偿资金规模

生态补偿指标	单位	公众支付意愿	
		整体	非零
补偿标准	元/（a·t）	0.243	0.254
2017 年全市用水总量	亿 t	14.44	
全市补偿资金	亿元/a	3.51	3.67
支付意愿下的补偿标准	元/（亩·a）	1 578.3	1 650.3

5.2 基于保护成本的生态补偿标准研究

5.2.1 水源保护直接成本

　　市财政近 3 年对饮用水水源保护的财政资金投入如表 5-3 所示，其中市财政局对长江水库水电管理中心等水源地相关市级二级单位资金拨付金额为 4 501.97 万元，开展饮用水水源一级保护区物理隔离防护措施建设工程总投入为 638.57 万元，由于饮用水水源一级保护区物理隔离防护措施建设为偶发型一次性投入，若将其纳入过去 3 年饮用水水源地成本中，将影响结果的代表性。因此，过去 3 年全市饮用水水源保护的直接成本（扣除一级保护物物理隔离防护措施建设工程投入）为 4 501.97 万元，全市饮用水水源保护年均财政投入 1 500.66 万元。

表 5-3　近三年市财政对饮用水水源地的直接投入情况

项目	具体项目	财政投入/万元			
		2014 年	2015 年	2016 年	合计
长江水库水电管理中心等水源地资金拨付	A 水库大坝灌浆工程	4.40	28.81	0.40	33.61
	B 水库大坝安全监测工程	0	0	6.36	6.36
	中山市四家水源地相关单位用于人员保障、水利工程建设、水利工程运行与维护、防汛等	1 304	1 709	1 449	4 462
合计					4 501.97

注：2016 年支出数统计截至 2016 年 12 月 15 日。

5.2.2 基于土地发展机会损失的生态补偿标准

　　根据《2018 年中山市统计年鉴》，2017 年中山市 GDP 为 3 430.31 亿元，全市总面积为 1 783.66 km²，则 2017 年中山市地均 GDP 产出为 192.32 万元/hm²。2017 年，全市饮用水水源地总供水量为 14.44 亿 m³，按自来水综合平均售价 1.15 元/m³，则产生的水费合计 16.61 亿元，饮用水水源地的地均直接产出为 11.2 万元/hm²。因此，饮用水水源地的地均发展机会损失成本为 181.12 万元/hm²。

　　利用该地均发展机会损失成本估算各镇区的饮用水水源地土地发展机会损失成本总规模，结果如表 5-4 所示。可见，全市饮用水水源地的土地发展机会成本为 268.523 8 亿元，对应的饮用水水源地生态补偿标准为 12.07 万元/（亩·a）。

表 5-4　各镇区饮用水水源地的土地发展机会损失成本概算结果

镇区	饮用水水源地面积/hm²			土地发展机会成本/万元
	一级	二级	合计	
石岐区	0	0	0	0
东区	1 063.13	2 029.62	3 092.75	560 159
火炬开发区	0	0.42	0.42	76
西区	0	0	0	0
南区	72.99	228.17	301.16	54 546
五桂山	313.78	1 669.77	1 983.55	359 261
小榄镇	104	237.83	341.83	61 912
古镇镇	52.94	126.83	179.77	32 560
南头镇	86.65	207.1	293.76	53 206
南朗镇	457.36	1 032.28	1 489.64	269 804
三乡镇	150.85	486.97	637.82	115 522
神湾镇	69.34	1 165.96	1 235.3	223 738
黄圃镇	0	194.71	194.71	35 266
民众镇	0	237.41	237.41	43 000
东凤镇	176.93	693.88	870.81	157 721
东升镇	62.13	325.19	387.32	70 151
沙溪镇	0	0	0	0
坦洲镇	76.54	302.69	379.23	68 686
港口镇	104.64	650.25	754.9	136 727
三角镇	38.21	224.69	262.9	47 616
横栏镇	77.4	476.62	554.02	100 344
阜沙镇	0	311.93	311.93	56 497
板芙镇	118.07	885.24	1 003.31	181 720
大涌镇	125.27	187.93	313.2	56 727
合计	3 150.23	11 675.49	14 825.74	2 685 238

5.3　饮用水水源地生态补偿标准建议

表 5-5 综合比较了基于支付意愿和保护成本的生态补偿规模对应的全市饮用水水源地生态补偿标准、现行生态公益林生态补偿标准、现行耕地生态补偿标准和目前有关饮用水水源内土地租金水平。

基于全市生态补偿标准体系的合理性和市、镇区财政的承受力，建议中山市饮用水水源地生态补偿采取阶梯式补偿标准，即对饮用水水源一级保护区按照 500 元/（亩·a）、对饮用水水源二级保护区按照 250 元/（亩·a）计，对应的全市饮用水水源地生态补偿资金总规模约为 6 741 万元/a。

表 5-5　饮用水水源地生态补偿标准对比　　　　　单位：元/（亩·a）

参考或建议标准	来源/种类	标准
不同研究方法结论	基于支付意愿	1 650.3
	基于保护成本	120 746
现行生态补偿标准参考（2017 年）	生态公益林	120
	基本农田	200
	其他耕地	100
长江水库库区土地租金标准	山地	16
	林地和农田	400
	鱼塘	600
福获村土地租金标准	农田	600
	鱼塘	1 500
建议补偿标准	饮用水水源一级保护区	500
	饮用水水源二级保护区	250

第 6 章

饮用水水源地生态补偿资金管理研究

6.1 资金使用范围规定经验借鉴

我国其他地区饮用水水源地生态补偿中，对生态补偿资金的使用范围各不相同，各具特色。

6.1.1 资金使用范围的做法

6.1.1.1 绍兴市汤浦水库水源保护区

根据 2015 年 11 月印发的《绍兴市汤浦水库水源保护区生态补偿专项资金管理办法》，绍兴市汤浦水库水源保护区生态补偿专项资金主要用于以下支出：①水源保护区生态环境管理经费（占全部资金的 50%左右），包括生活垃圾长效保洁经费和水源环境保护经费，其中，生活垃圾长效保洁经费用于各类农村生活垃圾的收集、运输及处置，经费按年底户籍人口数人均核算补助，占生态环境管理经费的 50%左右；水源环境保护经费用于各乡镇对水源保护长效管理及乡镇污水处理设施等水源保护设施的运行管理，占生态环境管理经费的 50%左右。该项经费中 50%按乡镇户籍人口、面积为基数核算补助，50%按检查考核结果核算补助。②水源保护区水源保护工程建设经费（占全部资金的 30%左右）。用于生活污水处理设施建设、已建污水处理设施的升级改造、农业面源污染综合治理、自然生态修复、生态公厕项目、山塘水库加固、库区农民饮用水项目、水土保持项目、畜禽养殖场（点）取缔、垃圾中转站（场）建设、污染防治技术研究及应用、河道整治建设、水源保护区标识标志、水源保护宣传教育等。③水源保护区社会公益事业经费（占全部资金的 20%左右）。用于镇（村）公益活动场地建设、集体合作发展及社会事业经费补助等。乡镇及村（居）委会公益事业经费按年底户籍人口数人均核算确定。④每年补助上虞区汤浦镇达郭村 30 万元，补助市水务集团 10 万元，专项用于生态补偿和保护。

6.1.1.2　海盐县千亩荡饮用水水源地

嘉兴市海盐县千亩荡饮用水水源地保护生态补偿金使用分专项补助、绩效补偿两部分。其中，专项补助是为推进千亩荡水源地保护工作开展专项整治，对保护区内镇村按相关政策给予的一次性补助。补助标准依据《海盐县 2014 年千亩荡饮用水水源二级保护区污染整治行动方案》《关于 2014 年饮用水水源保护区污染整治工作有关补助政策的专题会议纪要》等其他专项整治政策文件。

绩效补偿是对保护区内镇、村（社区）因开展水源地保护工作所投入的人力、物力、财力的补偿，由镇政府统筹用于开展水源地保护支出，弥补镇村集体资产（土地）闲置损失、改善保护区生态环境、开展保护工作等支出。绩效补偿实行因素分配法，分配因素包括一、二级保护区总面积、保护工作完成情况、水质状况。绩效补偿金总额 260 万元，具体以划定的一、二级保护区总面积作为基准核定补偿金基数，沈荡镇 190 万元、百步镇 15 万元、于城镇 55 万元，各镇在完成部门下达的保护工作任务、确保水源水质的情况下由县财政给予生态补偿，补偿金具体数额根据工作考核和水质考核结果浮动，如发生重大水源污染事故则取消补偿。

6.1.1.3　平阳县五十丈饮用水水源地

温州市平阳县五十丈饮用水水源地生态补偿专项资金由乡镇人民政府统筹安排，专款专用。主要用于区域内环境保护工作的支出和扶持当地生态型、环保型产业的发展。重点支持改善水环境质量、环保基础设施建设、农村生活垃圾集中收集处置、生态创建、畜禽养殖场关闭搬迁和整治提升、生态环境保护和治理、水源地保护、生态宣传以及各种公益性污染物治理设施运行维护管理等环境保护工作。

6.1.1.4　其他地区做法

表6-1 整理了包括前述 3 个饮用水水源地在内的 12 个代表性饮用水水源地的生态补偿资金使用范围规定。

表 6-1　饮用水水源地生态补偿资金使用典型做法

水源地		资金用途
莆田市饮用水水源保护区		饮用水水源地植树造林、生态修复、水土保持等生态保护工程及运行维护等范围
绍兴市汤浦水库水源保护区	水源保护区生态环境管理经费	生活垃圾长效保洁经费
		各乡镇对水源保护长效管理及乡镇污水处理设施等水源保护设施的运行管理
	水源保护区水源保护工程建设经费	生活污水处理设施建设、已建污水处理设施的升级改造、农业面源污染综合治理、自然生态修复、生态公厕项目、山塘水库加固、库区农民饮用水项目、水土保持项目、畜禽养殖场（点）取缔、垃圾中转站（场）建设、污染防治技术研究及应用、河道整治建设、水源保护区标识标志、水源保护宣传教育等

水源地		资金用途
绍兴市汤浦水库水源保护区	水源保护区社会公益事业经费	镇（村）公益活动场地建设、集体合作发展及社会事业经费补助等
	特定对象直接生态补偿	每年补助上虞区汤浦镇达郭村 30 万元，补助市水务集团 10 万元
金华市区饮用水水源涵养生态功能区	水源环境保护补助	包括垃圾分类减量化处理、河道保洁、日常巡查等
	公益性补助	包括生态公益林补助、村公益事业补助、功能区范围内的行政村或自然村按规划实施生态搬迁补助等
	生态修复和保护项目	包括新造林和人工迹地更新、森林防火和林业有害生物防治、生态公厕、生态公墓等项目
	创业扶贫项目	包括功能区光伏扶贫、电商扶贫、下山移民就业创业等帮扶项目
	工作管理经费	①环境保护考核奖励补助；②功能区规划编制、保护宣传、绩效评价、审价审计、委托中介等业务；③功能区生态保护执法等工作经费补助
嘉兴市海盐县千亩荡饮用水水源地	专项补助	对保护区内镇村按相关政策给予的一次性补助
	绩效补偿	开展水源地保护支出，弥补镇村集体资产（土地）闲置损失、改善保护区生态环境、开展保护工作等
嘉兴市市区饮用水水源地	定额补助资金	对贯泾港水厂水源保护区、石臼漾水厂水源保护区市区范围内的镇（街道）、村（社区）、所在地的单位及居民在饮用水水源生态环境保护工作中做出的贡献和付出的额外成本给予适当补偿
	定项补助	生态保护项目投入补助
温州市级饮用水水源地	专项补偿	市级饮用水水源地水质保护、污染治理、污水收集和处理设施建设运维、森林抚育、水域保洁及其他水源保护方面
温州市平阳县五十丈饮用水水源地	当地环境保护工作的支出	重点支持改善水环境质量、环保基础设施建设、农村生活垃圾集中收集处置、生态创建、畜禽养殖场关闭搬迁和整治提升、生态环境保护和治理、水源地保护、生态宣传以及各种公益性污染物治理设施运行维护管理等环境保护工作
	扶持当地生态型、环保型产业的发展	—
诸暨市纳入城乡公共管网供水的饮用水水源保护地	对纳入市生态保护区域内的农户的直接补偿	对农户进行直接补偿
珠海市	斗门区河水饮用水水源保护区 社会保险专项补贴	符合条件的人员在享受现行社会保险政策规定的各项政府补贴的基础上，额外享受政府对水源保护区提供的养老保险、医疗保险个人缴费专项补贴，从而提高保护区社保的参保率，在帮助解除保护区居民后顾之忧的同时，达到减轻农民负担、改善民生的目的
	莲洲镇（水源保护区内） 补偿性资金	弥补该镇教育、社保、农业、卫生等基本民生支出缺口
	激励性资金	该镇生态环境保护、提高民生支出水平、发展生态农业、发展生态旅游业以及其他社会管理方面

水源地		资金用途
深圳市深圳水库核心区（大望、梧桐山社区）		大望、梧桐山两个片区的原村民发放生态补偿款
江西省共产主义水库		水库生态环境保护实施方案编制、水源涵养、环境污染综合整治、农业面源污染治理、农村生活污染治理设施建设及其他污染整治等民生工程
昆明市主城饮用水水源区	市级定额补助 — 生产扶持	退耕还林补助、"农改林"补助、产业结构调整补助、清洁能源补助、劳动力转移就业补助
	生活补助	教育补助、能源补助、医疗和养老等方面的补助
	管理补助	巡查考核管理工作经费、公益广告宣传、聘请第三方服务机构、主城饮用水水源区综合数据连续采集、违法举报奖励等费用
	生态治理补助	湿地、垃圾与污水处理、人口搬迁等项目的管理、设施维护、运行等方面的补助
	政策补助	人民政府或经批准成立的主城饮用水水源区保护管理机构所确定的主城饮用水水源区产业发展、城乡统筹等政策补助
	市级以投代补	市重点水源区保护委员会成员单位市水务局、市环保局、市农业局、市林业局、市发改委、市财政局、市人社局、市教育局、市国土资源局、市规划局、市住房城乡建设局、市民政局、市城管综合执法局、市滇管局、市移民开发局按照主城饮用水水源区"十三五"规划，以基础设施建设投入的方式对主城饮用水水源区实施补偿，对位于主城饮用水水源区内符合政策规定的项目给予优先倾斜安排

6.1.2　经验借鉴

6.1.2.1　饮用水水源地生态补偿资金使用范围广泛且多样

目前饮用水水源地生态补偿资金的使用范围主要包括水源地及其周围区域环境保护项目支出、饮用水水源地及其周围生态环境长效管理支出、社会公益事业经费、直接经济补贴、扶持当地产业发展和弥补镇村集体资产（土地）闲置损失，详见表6-2。

其中，水源地及其周围区域环境保护项目支出，包括环境保护工程措施，例如生活污水处理设施改、扩、建，垃圾收集处置设施建设，农业面源污染综合治理，自然生态修复，水土保持项目，畜禽养殖场关闭搬迁和整治提升，河道整治建设，水源保护区标识标志等。表中所列的 13 个地区中有 10 个地区包括该资金使用范围。饮用水水源地及其周围生态环境长效管理支出，包括生活垃圾长效保洁经费、乡镇生活污水处理设施等水源保护设施的运行管理等，表中所列的 13 个地区中有 9 个地区包括该资金使用范围。社会公益事业经费，包括镇（村）公益活动场地建设、集体合作发展及社会事业经费补助、生态搬迁补助等，表中所列的 13 个地区中有 5 个地区包括该资金使用范围。直接经济补贴，对饮用水水源地内的村庄、村民等对象，直接给予经济补贴，表中所列的 13 个地区中有 5 个地区包括该资金使用范围。扶持当地产业发展，包括扶持当地发展生态型产业和扶贫创业项目，表中所列的 13 个地区中有 4 个地区包括该资金使用范围。弥补镇村集体资产（土地）闲置损失，这一支出仅海盐县千亩荡饮用水水源地生态补偿中出现，由镇政府统筹列支。

表 6-2　全国各地饮用水水源地生态补偿资金使用范围一览

地区	水源地及其周围区域环境保护		社会公益事业经费	直接经济补贴	扶持当地产业发展	弥补镇村集体资产（土地）闲置损失
	环保工程建设	日常环境管理				
莆田市饮用水水源保护区	√	√	×	×	×	×
绍兴市杨浦水库水源保护区	√	√	√	√	×	×
金华市区饮用水水源涵养生态功能区	√	√	√	×	√	×
嘉兴市海盐县千亩荡饮用水水源地	√	√	×	×	×	√
嘉兴市市区饮用水水源地	√	√	×	×	×	×
温州市级饮用水水源地	√	√	×	×	×	×
温州市平阳县五十丈饮用水水源地	√	√	×	×	×	×
诸暨市入城乡公共管网供水的饮用水水源保护地	×	×	×	√	×	×
珠海市斗门区河水饮用水水源保护区	×	×	√	√	×	×
珠海市水源保护区内莲洲镇	√	√	√	√	√	×
深圳市深圳水库核心区	×	×	×	×	×	×
江西省共产主义水库	√	×	×	×	×	×
昆明市主城饮用水水源区	√	√	√	√	√	×
小计	10	9	5	5	4	1

6.1.2.2　饮用水水源地生态补偿资金使用范围应满足管理需求

现有饮用水水源地生态补偿资金使用范围较为广泛，且各不相同，究其原因，在于现有饮用水水源地生态补偿相关政策设计中，对于生态补偿资金的分配与使用往往根据当地饮用水水源地管理需求进行规定和设计。为适应饮用水水源地生态环境管理需求，设置饮用水水源地生态补偿资金使用范围的做法具有科学性、合理性，并且有利于提高饮用水水源地生态补偿资金的使用效率和效果，更好地发挥该项政策对水源水质长效保障的作用。

因此，在进行中山市饮用水水源地生态补偿资金范围设计时，应充分调研，摸清中山市饮用水水源地生态环境保护的需求，在此基础上合理规定全市饮用水水源地生态补偿资金的使用范围。

6.1.2.3　各类生态补偿资金使用范围额度分配方法各异

部分地区在确定饮用水水源地生态补偿资金使用范围的同时，确定各使用领域的生态补偿资金的额度或者比例。例如绍兴市杨浦水库水源保护区生态补偿资金中水源保护区生态环境管理经费、水源保护区水源保护工程建设经费和水源保护区社会公益事业经费分别约占全部资金的 50%、30% 和 20%，其中，水源保护区生态环境管理经费中生活垃圾长效保洁经费和水源环境保护经费各占 50%。嘉兴市市区水源地生态补偿采取总额定额和镇、街道财力定额补偿的做法，即全市年度市区饮用水水源地生态补偿专项资金总额 3 000 万元，其中饮用水水源地镇、街道财力补偿亦采取定额补助，总规模为 600 万元。海盐县千亩荡饮用水水源地生态补偿规定了绩效补偿的总额为 260 万元，该项资金利用因素分配法进行再次分配，分配因素包括一、二级保护区总面积、保护工作完成情况、水质状况。对各大类饮用水水源地生态补偿资金适用范围进行预先切分的做法，有利有弊。其有利之处在于保障了主要支出的资金来源，其缺点在于难以适应饮用水水源地管理需求变化的支出需求变化。

6.1.2.4　饮用水水源地生态补偿资金使用范围宜动态调整

饮用水水源地生态环境管理需求随着时间推移在不断变化，因此，随着全市饮用水水源地保护和生态补偿工作推进，有必要及时调整生态补偿资金使用范围，确保其适应性。例如饮用水水源地内生态移民等支出项目为阶段性项目，在饮用水水源地生态移民完成后，应该取消其生态补偿资金使用。

6.2　资金管理经验借鉴

饮用水水源地资金的管理全过程包括生态补偿资金的筹集、分配与使用，由于中山市饮用水水源地生态补偿资金纳入中山市生态补偿专项资金，其筹集环节的操作遵循全市生态补偿专项资金的管理要求。因此，在本研究中重点分析各地饮用水水源地生态补偿资金的分配和使用环节的管理经验。

6.2.1　资金分配的做法

6.2.1.1　温州市平阳县五十丈饮用水水源地

五十丈饮用水水源地生态补偿资金由平阳县财政每年预算安排资金 800 万元。生态补偿资金分配根据每个乡镇设置资金基数 100 万元，其余资金按照下述方法计算分配：①户籍人口数分配权重为 50%。根据平阳县公安局确认的有关乡镇受补偿区域的户籍人口数占五十丈饮用水水源地补偿范围的户籍人口总数的比例计算；②流域面积分配权重为 30%，根据平阳县水利局确认的有关乡镇受补偿区域的流域面积占五十丈饮用水水源地补偿范围流域总面积的比例计算；③市级以上生态公益林面积分配权重为 20%，根据平阳县林业局确认的有关乡镇受补偿区域的市级以上生态公益林面积占五十丈饮用水水源地补偿范围市级以上生态公益林总面积的比例计算。

6.2.1.2 绍兴市汤浦水库水源保护区

根据 2015 年 11 月印发的《绍兴市汤浦水库水源保护区生态补偿专项资金管理办法》，绍兴市汤浦水库水源保护区生态补偿专项资金中不同用途资金的核算和拨付程序如下：①水源保护区生态环境管理经费和社会公益事业经费，每年 3 月 15 日前由各乡镇政府提出申请，填写《绍兴市汤浦水库水源保护区生态补偿专项资金申请表》并附相关证明材料，报相关区（市）。每年 3 月底前相关区（市）将各乡镇申请表汇总审核后，报市水源办。市水源办组织市财政局、市环保局、市水利局、市水务集团等部门（单位）进行审核并会签意见，报市政府审批同意后，由市财政局在 5 月底前通过转移支付的形式，补助给有关区（市）财政。②水源保护工程建设经费按照各 50%的比例，分配给柯桥区和嵊州市，两地需将水源保护工程建设项目，作为政府性投资项目进行管理。每年 5 月底前，由区（市）政府牵头，在额度范围内统筹安排，提出建设计划、资金来源及补偿标准，制定所辖乡镇的补助方案，填写《绍兴市汤浦水库水源保护区生态补偿专项资金申请表》报市水源办，由市水源办组织市财政局、市环保局、市水利局、市水务集团等部门（单位）会签意见，报市政府审批同意后，由市财政局在 10 月底前通过转移支付的形式，补助给有关区（市）财政。在水源保护工程项目建设完成后，由各乡镇政府召集有关部门（单位），按政府性投资项目进行竣工验收，竣工验收后由区（市）政府组织审验，经审验合格后，报市水源办备案。

6.2.1.3 海盐县千亩荡饮用水水源地

嘉兴市海盐县千亩荡饮用水水源地保护生态补偿金使用分专项补助、绩效补偿两部分。其中，专项补助由相关镇（街道）将补偿对象、补偿额度、补偿协议等资料分别报海盐县农经局、国土资源局和环保局，县环保局进行核实确认并签署意见后送县财政局，县财政局复核后将补偿资金拨付到相关镇财政，由镇财政发放给有关农户、企业。绩效补偿由县财政依据考核结果通过年终财力结算将生态绩效补偿金拨付给相关镇。

6.2.1.4 慈溪市饮用水水源保护区

慈溪市饮用水水源保护按水质类别和工作考核两个方面实行补偿并采取弹性补偿法，其中水质情况占补偿标准的 70%、工作考核占补偿标准的 30%。①饮用水水源水质保持或达到《地表水环境质量标准》（GB 3838—2002）Ⅲ类水质标准及以上，按补偿标准补偿。饮用水水源水质较上年下降一个类别，按集雨面积、常住人口补偿部分补偿标准下浮 15%补偿，按供水量补偿部分以实际水质补偿标准补偿；饮用水水源水质较上年下降两个类别，按集雨面积、常住人口补偿部分补偿标准下浮 30%补偿，按供水量补偿部分以实际水质补偿标准补偿；饮用水水源水质达不到《地表水环境质量标准》（GB 3838—2002）Ⅲ类水质标准的，不予补偿。②饮用水水源保护区生态环境保护工作考核优秀的，按补偿标准上浮 10%补偿；考核良好的，按补偿标准补偿；考核合格的，按补偿标准的 70%补偿；考核不合格的不予补偿，饮用水水源水质达不到《地表水环境质量标准》（GB 3838—2002）Ⅲ类水质标准的一律确定为不合格。

6.2.2　经验借鉴

6.2.2.1　资金分配基本流程相似，而实际具体形式有所不同

在完成饮用水水源地生态补偿资金筹集后，将根据政策规定的资金分配规则，对饮用水水源地生态补偿资金进行分配，饮用水水源地生态补偿资金的分配在不同情况下有所不同。对于部分地区，其饮用水水源地生态补偿的范围内存在多个饮用水水源地或者不同地区的，则往往首先在不同饮用水水源地或者不同地区之间进行生态补偿资金的分配，各主体获得资金后进行再次分配后使用或直接使用。对于部分地区，无须进行水源地之间或者地区间的分配，则直接按照使用范围分配后使用或者直接使用。因此，饮用水水源地与生态补偿资金分配的基本流程如图 6-1 所示。

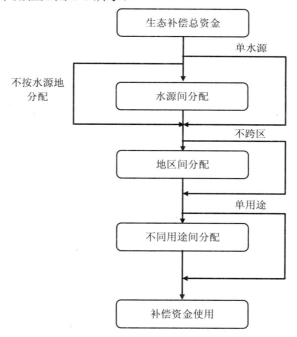

图 6-1　生态补偿资金分配流程

典型饮用水水源地生态补偿资金分配做法主要包括：

（1）多个饮用水水源地生态补偿的情况下，饮用水水源地生态补偿资金筹集完成后，首先进行饮用水水源地间的资金分配或者不区分饮用水水源地直接按照行政区进行分配。例如，莆田市饮用水水源地生态补偿包括东圳水库、外度水库、金钟水库、双溪口水库、东溪水库、古洋水库、东方红水库等 7 个水库型饮用水水源保护区。生态补偿资金以各水

库的 COD、总氮、总磷三项指标为考核指标，乘以相应考核系数核算分配。嘉兴市市区饮用水水源地生态补偿包括贯泾港水厂水源保护区、石臼漾水厂水源保护区两个水源保护区，但其生态补偿资金直接分配至水源地所在相关区。

（2）饮用水水源地内不同地区生态补偿资金的分配一般采取因素分配法或者项目申请法。例如，嘉兴市海盐县千亩荡饮用水水源地生态补偿资金中的绩效补偿实行因素分配法，分配因素包括一、二级保护区总面积，保护工作完成情况，水质状况。首先以划定的一、二级保护区总面积作为基准核定补偿金基数，再根据工作考核和水质考核结果浮动，如发生重大水源污染事故的取消补偿。平阳县五十丈饮用水水源地生态补偿资金分配首先设定每个乡镇资金基数为 100 万元，其余资金按照户籍人口数占比（分配权重为 50%）、流域面积占比（分配权重为 30%）和市级以上生态公益林面积占比（分配权重为 20%）计算分配。

（3）大多数饮用水水源地生态补偿对不同使用范围的生态补偿资金进行定额切分。例如，绍兴市杨浦水库水源保护区生态补偿资金中水源保护区生态环境管理经费、水源保护区水源保护工程建设经费和水源保护区社会公益事业经费分别约占全部资金的 50%、30% 和 20%。嘉兴市市区饮用水水源地生态补偿资金每年 3 000 万元，分为对镇、街道财力的定额补助和对生态保护项目投入的定项补助两种形式，其中定额补助资金每年安排 600 万元、定项补助资金每年安排 2 400 万元。

6.2.2.2 部分地区在资金分配中采取基于考核结果的弹性分配法

部分地区在进行饮用水水源地资金分配方式设计时，开始考虑与水源保护工作绩效相挂钩，即根据水源保护考核结果弹性补偿。例如，嘉兴市海盐县千亩荡饮用水水源地保护生态补偿金中的绩效补偿实行因素分配法，分配因素包括一、二级保护区总面积、保护工作完成情况，水质状况。绩效补偿金总额 260 万元，具体以划定的一、二级保护区总面积作为基准核定补偿金基数，沈荡镇 190 万元、百步镇 15 万元、于城镇 55 万元，各镇在完成部门下达的保护工作任务、确保水源水质的情况下由县财政给予生态补偿，补偿金具体数额根据工作考核和水质考核结果浮动，如发生重大水源污染事故则取消补偿。温州市平阳县在五十丈饮用水水源地生态补偿中开展乡镇考核，并将考核结果作为安排生态补偿资金的重要依据。年度水质监测均值达到水环境功能区水质要求的，给予该乡镇人民政府全额生态补偿资金；排除入境断面水质影响，乡镇年度水质监测均值不能达到功能区要求的，若是首个年度不达标，给予全额补偿金的 50%。若连续年度不达标，则以补偿资金的 50% 为基数，水质较上年提升的，每个提升指标给予增加全额补偿资金 10%；水质较上年恶化的，每个恶化指标扣罚补偿资金 10%，依此类推。辖区内发生较大环境污染和生态破坏责任事故的，取消当年所有生态补偿资金。莆田市以各水库的 COD、总氮、总磷三项指标为考核指标，乘以相应考核系数分配生态补偿资金。温州市市区饮用水水源地生态补偿资金分配采取水质改善增加补助、水质下降扣罚补助的做法，即市生态环境局会同珊溪水利枢纽管理局、水利局加强对各主要支流交界断面水质的监测，并根据各主要支流交界断面水质的监测结果进行年度考核。与上年度监测结果比较，Ⅱ类及Ⅱ类以上支流保持原级别的、Ⅲ类及Ⅲ类以下的支流每提高一个级别的，给予增加补助 50 万元；每条支流每降低一个级别的，扣罚补助 50 万元。

6.2.2.3　部分地区要求生态补偿资金配套的做法不甚合理

部分地级市主导开展的饮用水水源地生态补偿存在在生态补偿资金分配过程中要求受偿镇、街道所在区县进行一定比例的资金配套的做法，违反"谁受益，谁补偿；谁保护，谁受偿"原则，加重了受偿地区的财政负担。例如，嘉兴市市区饮用水水源地生态补偿分配过程中，规定对于定额补助（镇、街道财力补偿），区财政根据实际情况经过分配连同配套补助资金一并拨付给受补偿镇（街道）财政，对于定项补助资金由市财政直接拨付到项目实施单位并由区财政按 1∶1 的比例配套。

对于仅有市、镇区两级财政的中山市来说，在饮用水水源地生态补偿资金分配中，无须考虑地方配套的做法，而且，要求受偿者进行配套的做法与生态补偿的"谁保护，谁受偿"的原则相违背。

6.3　补偿资金使用需求分析

6.3.1　镇区饮用水水源地管理相关支出分析

6.3.1.1　日常"属地管理"及其成本

（1）饮用水水源地环保巡查制度实施

根据《中山市生态保护区及集中式饮用水水源地环境保护巡查制度（2017 修订版）》要求，中山市已建立河流型和水库型集中式饮用水水源地环境保护巡查制度，该制度要求市、镇两级环保部门对全市集中式饮用水水源地（包括河流型和水库型）及周边隐患地区开展定期和不定期的执法检查活动，对巡查中发现保护区内存在新建、扩建违法建设项目的，应当即责令制止，并依法实施立案查处。巡查分为日常巡查、汛期巡查和专项巡查，镇区环保分局每季度至少全面巡查一次。巡查内容分为保护区环境现状和保护区内环境违法行为两大类。针对巡查过程中发现的问题，巡查人员应区别不同情况予以处理：对于发现可能直接导致影响饮用水水源安全的违法行为应立即取证、及时制止，对涉嫌环境犯罪的，依法移交司法机关处理。若巡查中发现企业存在异常状况，则对该企业按照重点污染源进行全面监察。对于巡查中发现的突发性污染事件，应及时上报，并根据中山市相关突发环境应急预案开展工作。对于巡查中发现保护区内存在新建、扩建违法建设项目的，应当立即责令制止，并依法实施立案查处。

根据该文件要求，相关镇区已经建立饮用水水源地日常巡查制度，部分镇区的饮用水水源地，特别是河流型饮用水水源保护区，其环境监察巡查工作依托镇区环保分局开展。黄圃镇的鸡鸦水道二级水源保护区主要依靠黄圃环保分局开展日常巡查，镇水利所及马安村则配合环保分局开展相关整治工作。镇区水利所负责河流型饮用水水源保护区内相关水利设施的日常巡查。

目前，日常巡查制度落实的成本主要由镇区财政承担。例如，南朗镇已在横迳水库及箭竹山水库已引入安保机制（共 7 人），下一步计划在莲花地水库引入安保机制，切实加强水库巡查力度。同时在逸仙水库、横迳水库、箭竹山水库和莲花地水库等饮用水水源地配备专人负责日常巡查和维护，合计 17 人。以上饮用水水源保护区管理人员工资福利支出约 115.2 万元/a，费用均纳入镇政府年度预算，由镇财政承担。三乡镇对 4 个水库型饮用水水源地各安排 2 名专职水库管理人员，保安员 7×24 小时当班，主要对危害水库安全和污染水体的行为进行上报并制止，以上人员工资支出由三乡镇承担。神湾镇、五桂山街道办事处的巡查车辆使用费用分别为 0.9 万元/a 和 3 万元/a，由镇区财政承担。可见，镇区落实饮用水水源地日常巡查制度的主要支出包括聘用饮用水水源地日常巡查人员的工资、巡查交通费和测量、水质检测等相关巡查装备，符合水源保护范畴，应考虑从镇区所获得的饮用水水源地生态补偿资金中列支。

（2）饮用水水源保护区标志牌和物理隔离设施建设与维护

目前，中山市生态环境局已完成全市 9 个河流型饮用水水源一级保护区物理隔离设施的建设，但一直未完成移交属地供水厂管养。虽然市生态环境局多次与各属地供水厂协商移交，但属地供水厂因物理隔离设施频繁遭受人为破坏、拆卸，拒不接收。现有 9 个饮用水水源一级保护区物理隔离设施损坏原因主要为人为破坏频繁及台风损毁等。2017 年，"天鸽""帕卡"等台风共造成物理隔离防护设施直接经济损失约 21 万元。经测算，全市现有饮用水水源保护区物理隔离设施年维护费用合计为 288.2 万元，其中包含日常巡查维护费 149.6 万元、不可控因素的维护费 138.6 万元。调查发现，2017 年，大涌镇水源保护区标识标志补充完善支出 1 万元，东升镇标识标志建立及维护支出 10.35 万元，均由镇财政列支。

未来，全市饮用水水源保护区物理隔离设施建设完成后，移交镇区"属地管理"。镇区在开展饮用水水源保护区标志牌、物理隔离设施管理过程中，对遗失、损坏的标志牌、隔离设施进行补充、修缮，此部分开支目前暂未明确，应明确保障其来源，考虑从镇区所获得的饮用水水源地生态补偿资金中列支。

（3）饮用水水源地污染事故应急管理

根据《中山市突发饮用水水源污染事件应急预案》，各镇区政府负责本行政区域突发饮用水水源污染源事件处置工作，各镇区成立突发饮用水水源污染事件应急指挥机构，负责组织本行政区域内突发性饮用水水源污染事件的应对和处置工作。组织应急物资、人员、交通工具以及相关设施设备的投入，做好后勤保障工作，安置受影响人群。过去五年中山市暂无饮用水水源地污染事件应急，故无此部分开支发生。为确保饮用水水源污染事故应急管理资源保障，考虑从镇区所获得的饮用水水源地生态补偿资金中列支。

（4）饮用水水源地相关水域保洁管理

目前，中山市水库型饮用水水源保护区大多实现了水域的封闭式管理，然而，对于河流型和河涌型饮用水水源保护区来说，由于保护区内及上游沿线居民点多，水域保洁工作压力较大。为保障水源水质安全，全市大多数饮用水水源地均建立水域保洁制度，此部分费用主要由镇区政府承担。大多数镇区饮用水水源地相关水域保洁与镇区其他水域保洁一起完成，故而难以单独统计饮用水水源地相关水域保洁的支出规模。仅港口镇分别于 2016 年、2017 年各开展一次饮用水水源一级保护区堤外垃圾清理，每次约支出 10 万元。若根据"属地管理"原则，镇区政府承担饮用水水源地相关水域保洁工作，应保障此部分支出的稳定来源，考虑从镇区所获得的饮用水水源地生态补偿资金中列支。

（5）饮用水水源地周围村/社区污水收集和处理设施建设运维

由于历史原因，部分饮用水水源一级、二级保护区内分布村庄等居住点，特别是河涌型饮用水水源保护区内存在村庄的现象更加普遍。市级饮用水水源长江水库饮用水水源一级保护区内福获村，目前实际居住人口约 130 人，原来生活污水排入附近水塘，为避免村民生活污水污染水源，东区街道在 2018 年开展福获村生活污水截污处理工程。港口镇大丰水厂饮用水水源一级保护区内存在群乐社区八村 5 队生产小组共 19 户、50 人，原来生活污水经三级化粪池后排入附近鱼塘，2018 年建设小型污水处理设施进行收集处理后排入市政管网。接下来，全市饮用水水源二级保护区内生活污水收集集中处理工作将全面推进。部分饮用水水源地内村居尚未纳入污水管网收集范围的，存在两种处理方式：其一，有条件纳入生活污水管网处理的应尽快纳入；其二，缺乏纳入生活污水管网处理条件的应采取有效的截污处理措施。前者存在一次性污水管网建设费用，后者除管网和设施建设费外，还存在污水处理设施的运营与维护费用。污水处理设施的运营与维护费用的保障直接关系污水处理设施效果的发挥，关系水源水质安全，因此，应保障此部分支出的稳定来源，考虑从镇区所获得的饮用水水源地生态补偿资金中列支。

（6）饮用水水源地周围村/社区生活垃圾长效保洁经费

由于历史原因，部分饮用水水源一级、二级保护区内仍存在部分村庄。例如，长江水库饮用水水源一级保护区内的福获村和大丰水厂饮用水水源一级保护区内的群乐社区八村 5 队生产小组，其生活垃圾分别由东区和港口镇收集处理，目前由镇区承担费用。河涌型饮用水水源保护区内存在村庄的现象更加普遍，村庄生活垃圾保洁的落实，有利于保障水源水质安全，因此，应保障此部分支出的稳定来源，考虑从镇区所获得的饮用水水源地生态补偿资金中列支。

（7）饮用水水源保护宣传教育

中山市饮用水水源地与居民生活、活动区域距离较近，特别是河流型和河涌型饮用水水源保护区。因此，平时持续开展饮用水水源保护宣传教育、提高公众对水源保护的认同感与参与度，有利于强化水源水质安全保障。目前，镇区大多结合"六五环境日"等环保主题推进水源保护宣传，取得了较好的效果。未来，为进一步提高饮用水水源地周围居民的水源保护意识，有必要开展一系列针对饮用水水源地内及周围居民的水源保护专题宣传教育与培训，进一步提高保护区内与周围居民的保护意识与保护行为，切实保障水源水质安全。从目前看，南朗、大涌、东区、港口等镇区的水源保护宣教支出分别为 7.5 万元/a、1.5 万元/a、1.2 万元/a、1 万元/a，随着水源水质保护宣传教育活动的进一步加强，此部分费用可能会进一步增加，应考虑从镇区所获得的饮用水水源地生态补偿资金中列支。

（8）小结

镇区在开展饮用水水源地"属地管理"过程中，还存在土地测量（神湾镇在进行与水源无关项目清理过程中发生 1.3 万元的土地测量费用）等管理费用支出。以上为目前饮用水水源地管理责任分配现状下镇区承担的饮用水水源地日常管理支出，在未来，将随着镇区"属地管理"责任内容的调整而变化。但是，无论其内容如何变化，镇区饮用水水源地"属地管理"责任落实的支出均与饮用水水源保护有关，可考虑从镇区获得的饮用水水源地生态补偿资金中列支。

6.3.1.2　水源保护项目性支出

近几年，镇区在饮用水水源保护相关项目上的支出主要包括生活污水处理设施建设或改建、畜禽养殖场（点）取缔、河道整治建设。

（1）生活污水处理设施建设或改建

由于历史原因，部分饮用水水源一级、二级保护区内仍存在村庄，近期，正逐步开展生活污水处理设施建设或改建。目前，已经完成长江水库饮用水水源一级保护区内的福获村和大丰水厂饮用水水源一级保护区内的群乐社区八村 5 队生产小组的生活污水收集、处理设施建设，建设费用以及后期运维费用均由镇区承担。2013—2017 年，南头镇在饮用水水源相关污水处理设施建设或改建方面的支出为 127.30 万元，大涌镇政府投资 636.5 万元用于污水厂一期、二期建设项目。下一步，将全面推进饮用水水源二级保护区内及周围地区生活污水的收集与集中处理设施的建设与完善，为设施建设支出提供资金保障有利于推进工程顺利开展，因此，应保障该部分支出的稳定来源，考虑从镇区所获得的饮用水水源地生态补偿资金中列支。

（2）畜禽养殖场（点）取缔

根据《中山市畜禽养殖管理办法》，全市饮用水水源地均为禁养区。2017 年 4 月，中央第四环境保护督察组向广东省反馈环保督察情况，指出畜禽养殖污染防治问题。随后，中山市全面推进畜禽养殖场清理整治，市农业局组织制定《中山市畜禽养殖业清理整改工作方案》，明确整改目标、整改内容、整改措施和时间节点，各镇区在对禁养区畜禽养殖情况开展全面排查后，对位于饮用水水源地内的畜禽养殖场 2017 年 6 月底前关停。畜禽养殖场清理工作包括清拆和复原两部分，目前清拆的相关费用由市财政支出，但是接下来复原等相关费用则一般由镇区支付，此部分直接关系水源水质安全，应考虑从镇区所获得的饮用水水源地生态补偿资金中列支。

（3）河道整治

河道整治主要包括河道堤坝加固除险、河道清淤。过去五年，部分镇区对饮用水水源地的河道堤坝进行加固，相关工程建设费用存在由市财政全额支出、市财政和镇财政共同承担和镇区全额承担等方式。例如，东区在饮用水水源保护相关河道整治建设方面支出718 532 万元，全部由市财政承担。民众镇在 2015 年实施了浪网涌堤坝砌石加固过程，支出 120 万元。三乡在饮用水水源河道堤坝安全除险加固上支出合计 400 万元。2013—2017年，南头镇在饮用水水源保护相关河道整治建设方面分别支出了 1 624 万元、1 193 万元、1 489 万元、427 万元和 499 万元，由市财政和镇财政共同承担。河道整治，特别是河道清淤等与水源水质保护相关的项目的开展，对于水源水质安全保障非常重要，应考虑从镇区所获得的饮用水水源地生态补偿资金中列支。

（4）小结

饮用水水源地相关项目性支出一般由专项资金支出，部分存在镇区财政配套的情况。考虑上述项目对水源保护直接相关，镇区财政支出部分可从镇区获得的饮用水水源地生态补偿资金中列支。

6.3.1.3　与水源无关项目整治的相关支出

（1）饮用水水源地内企业搬迁土地与经济补偿诉求

目前，全市饮用水水源一级保护区内仍有部分企业、鱼塘养殖尚未完成清理，其土地所有者、企业对搬迁、关停提出了补偿诉求，包括经济补偿、土地补偿等。例如，南头镇饮用水水源地内企业配合政府进行了搬迁、关停后提出搬迁土地补偿诉求，即将现有围堤外的工业地及指标与围堤内的其他功能性质土地带指标进行等面积置换。但是，目前南头镇暂无土地指标可满足上述要求。配合搬迁、关停的华鑫、佳诺、三阳等三家公司初步提出搬迁经济补偿金额约 3 亿元。东升镇在清理饮用水水源一级保护区堤外鱼塘养殖场时，涉及社区 6 个居民小组 2 798 名村民的集体"分红"利益，经多次协商，镇政府对社区居民小组给予租金补偿，并明确合同期满后（2020 年起），每年原则上由镇政府按照原签订合同租金扣除上级补助后补偿给 6 个居民小组。东升镇饮用水水源二级保护区水产养殖场尚有一处合同未到期，养殖户强烈要求予以经济补偿，涉及的具体补偿金额仍有待镇政府、裕民社区、养殖户进一步协商。大涌镇饮用水水源一级、二级保护区内现存有叠石、石井、全禄、旗南共 4 个行政村的村集体土地，大部分村集体土地均出租用于从事鱼塘养殖及花木场种植活动。如何在落实水源水质安全保障的同时，确保相关个人、企业、单位等合法权益得到保障和补偿，是关系饮用水水源长效安全、和谐管理的问题。因此，应考虑从镇区所获得的饮用水水源地生态补偿资金中列支。

（2）饮用水水源地内与水源无关项目后续清理与修复

在开展饮用水水源地内与水源无关项目的拆迁后，主要由镇区负责相关构筑物的清拆和地块的复绿。例如，古镇镇在 2006 年完成冈南村一级水源保护区整治，清理出 100 亩围外用地后，投资 2 000 万元进行复绿；2009 年，完成六坊村一级水源保护区整治，清理 56 亩围外用地，复绿该片区；2010 年，完成古四大塘、冈南洼口、龙云沙二级水源保护区整治，清理 134 亩围外用地，复绿该片区；2011 年，完成古三村二级水源保护区整治，清理 300 亩围外用地，复绿该片区。南头镇和古镇镇在清理与水源无关项目后，对相关土地进行生态修复，分别建成水上运动公园和滨江公园。

（3）小结

根据饮用水水源地内与水源无关项目整治工作管理，镇区政府承担经济、土地等补偿、后续清理与修复等与水源无关项目整治的相关支出。考虑饮用水水源地内与水源无关项目整治与水源保护相关，镇区财政支出部分考虑从镇区获得的饮用水水源地生态补偿资金中列支。

6.3.2 村（社区）和企业在饮用水水源保护中的付出

6.3.2.1 村（社区）

部分饮用水水源地内或周围村庄（社区），为保护饮用水水源水质安全，做出了较大的配合与牺牲。调研和座谈结果显示村（社区）和企业在饮用水水源保护中承担的责任如表 6-3 所示。

村（社区）和企业在饮用水水源保护中承担的责任主要包括：

（1）村庄/社区生活垃圾收集与转运

东区、港口、阜沙、南头、五桂山、黄圃、横栏、大涌等 8 个镇区存在村（社区）承担自身生活垃圾收集与转运责任的情况。

（2）主动承担饮用水水源地日常监管责任

东区、三角、港口、阜沙、古镇、五桂山、横栏和三乡等 8 个镇区存在村（社区）主动承担饮用水水源地日常监管责任的情况。例如，三角镇的沙栏村和光明村村委，协助镇区开展饮用水水源地的监管、普法等工作。三乡镇的古鹤村委对古鹤水库后山进行管理，对进入集雨区的人群进行管理。

表6-3　村（社区）承担水源保护责任调查结果

水源保护责任内容	存在该情况的镇区数/个	具体镇区
村庄/社区生活垃圾收集与转运	8	东区、港口、阜沙、南头、五桂山、黄圃、横栏、大涌
饮用水水源地巡查	8	东区、三角、港口、阜沙、古镇、五桂山、横栏、三乡
集体鱼塘租金损失	7	三角、神湾、港口、板芙、东升、横栏、大涌
集体耕地租金损失	6	三角、神湾、港口、板芙、黄圃、大涌
水域保洁	3	东区、港口、阜沙
公厕建设	3	东区、港口、阜沙
集体建筑物租金损失	3	神湾、港口、黄圃
其他	2	坦洲、五桂山（集体林地租金）

注：本表根据全市拥有饮用水水源地镇区问卷调查结果整理而得。

（3）饮用水水源地内集体土地及其建筑物的租金损失

其中，三角、神湾、港口、板芙、东升、横栏和大涌等7个镇存在村（社区）承担集体鱼塘租金损失的情况；三角、神湾、港口、板芙、黄圃、大涌等6个镇存在村（社区）承担集体耕地租金损失的情况；神湾、港口、黄圃等3个镇存在村（社区）承担集体建筑物租金损失的情况。例如，古镇镇的冈南村在整治一级水源保护区过程中，清理出100亩围外工地，并投资2 000万元建成1 km的滨江公园；古三村整治二级水源保护区，清理130亩围外用地，并复绿该片区，并补偿约100亩的工业用地给围外企业。阜沙镇的丰联村在饮用水水源地内有公有物业厂房7 000 m²、耕地1 000亩和鱼塘380亩，每年租金损失预计约350万元，大有村在饮用水水源地内有公有物业厂房3 700 m²和鱼塘300亩，预计损失公有物业建设投入约500万元和每年租金损失约630万元；罗松村在饮用水水源地内鱼塘和耕地面积210亩，将损失每年52.5万元的租金。据镇区问卷调查结果显示，中山市目前饮用水水源地内鱼塘租金为1 500～3 000元/（亩·a），集体鱼塘一般采取投包形式发包给承包户承包，在承包合同中限定鱼塘的使用范围。耕地一般承包用于青菜种植或花木场，租金为1 000～2 000元/（亩·a）。厂房的租金波动较大，古镇镇租金为15元/（m²·a），合计10 000元/（亩·a）。

（4）承担保护区相关水域保洁和公共厕所建设责任

东区、港口、阜沙等3个镇存在村（社区）承担保护区相关水域保洁和公共厕所建设责任的情况。

（5）饮用水水源地内鱼塘、耕地等农业行为受限的损失

例如，板芙镇共有3个村在饮用水水源地内有鱼塘、养殖等项目，其中禄围村有两个生产队的鱼塘全部在饮用水水源地内，这些鱼塘、土地是当地农民的命根子、口粮田。五桂山南桥村（长坑、石寨水库）和桂南村（田寮、田心水库），由于水库被调为饮用水水源保护区后，周边土地不能使用，导致经济利益受损。

6.3.2.2　个人或企业

由于历史原因，部分企业选址在饮用水水源地内或周围，为保证水源水质安全，需对上述企业进行关停、搬迁或技改，在此过程中，企业的经济损失主要包括：一是因停产整改造成无生产性收入的经济损失；二是因停产整改导致生产订单合同违约造成赔偿的经济损失；三是涉及饮用水水源地保护的地块因不能再从事排污项目，已基本失去使用价值所造成的经济损失；四是搬迁、拆除设备、重建设施、新购设备等成本；五是物业出租合同未到期的租金补贴与物业闲置的租金损失，例如小榄镇工业总公司（小榄镇政府下属全资企业）补贴美特斯制衣厂、海航照明和创美内衣等 3 家租户搬迁合计人民币 70.2 万元，因此而造成的物业闲置面积约为 3.47 万 m^2，租金损失约为 31.27 万元/月。神湾镇资产公司原出租厂房，在 2016 年收到整改要求后配合生产线后移退出水源保护区，仅租金损失便达 50 万元/a。部分饮用水水源地内存在私人土地，例如东凤镇的帝益工业园等，由于水源保护限制私人土地的开发行为，将可能导致其收益受损。

6.4　补偿资金使用主体与范围研究

6.4.1　补偿资金使用主体研究

饮用水水源地生态补偿资金的补偿对象为"因饮用水水源保护区划定和管理造成合法权益受损和因履行饮用水水源保护区'属地管理'责任付出额外成本的镇区、村（社区）、所在地的单位和个人"。为确保全市饮用水水源地生态补偿资金切实发放至上述补偿对象，应确定适当的生态补偿资金使用主体。

6.4.1.1　使用主体调查

（1）市级饮用水水源地管理部门意见

市生态环境局负责全市饮用水水源地的监管，市水务局负责部分水库型饮用水水源保护区的管理，市林业局负责全市部分饮用水水源涵养林的管护工作。上述三个部门在饮用水水源地管理相关工作的经费主要通过专项资金来保障，并且在资金使用上并未考虑饮用水水源地管理过程中"环境外部性"的补偿。因此，基于饮用水水源地生态补偿政策的主要目标是弥补饮用水水源地所在地区的地方政府和人民为水源保护而承担的外部性，上述三个部门的水源保护资金均已得到保障且不具备上述功能，应由镇区政府统筹使用饮用水水源地生态补偿资金，并确保用于水源保护相关用途中。

（2）镇区意见

对全市拥有饮用水水源地的镇区开展问卷调查，设计了一道关于分配至镇区的生态补偿资金的使用主体的题目，并提供了：①全部由镇区政府支配使用。②部分直接按面积分配给村，部分由镇区政府使用。③全部直接按面积分配至村，由村统一使用。④全部直接按面积分配至村，由村直接分配至村民等 4 个选项供选择，镇区反馈结果如图 6-2 所示。可见，超过 50% 的镇区认为分配至镇区的生态补偿资金应全部由镇区政府支配使用；27%的镇区认为应部分直接按面积分配给村、部分由镇区政府使用；认为应直接按面积分配至村或分配至村民个人的镇区较少，合计约 20%。可见，由承担饮用水水源地"属地管理"责任的镇区政府，支配使用分配至镇区的生态补偿资金具有较广泛的认同度。

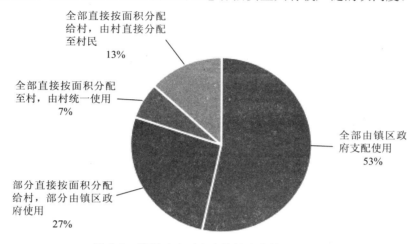

图 6-2　镇区政府对生态补偿资金使用主体的意见

6.4.1.2　使用主体分析

中山市饮用水水源地的管理为市镇两级管理，其中镇区按照"属地管理"原则对镇域范围内饮用水水源地进行管理。市生态环境局、水务局等市属部门在开展全市饮用水水源地管理总的支出已有专项资金保障，不需列入饮用水水源地生态补偿资金开支范围。

目前饮用水水源地管理责任分配现状下，镇区承担的饮用水水源地日常管理支出、饮用水水源保护相关项目性支出的镇区配套部分和与水源无关项目整治的相关支出，上述支出的内容亦均为有利于饮用水水源保护的，因此，可考虑从镇区获得的饮用水水源地生态补偿资金中列支。

部分镇区存在村庄主动承担饮用水水源地日常监管责任、饮用水水源地内集体土地及其建筑物的租金损失和饮用水水源地内鱼塘、耕地等农业行为受限的损失的情况，前者可在未来饮用水水源地管理规范化建设中进一步规范为镇区委托或聘用饮用水水源地所在地村民进行保护区日常监管工作，相关费用由镇区财政从饮用水水源地生态补偿资金中列支；对于后两者，在进行饮用水水源地内企业、鱼塘和耕地等与水源保护无关项目的整治清理过程中，对村集体的损失，可考虑通过协商由镇区政府进行补偿，此部分补偿资金亦可由镇区所获饮用水水源地生态补偿资金中列支。

综上所述，为确保全市饮用水水源地生态补偿对象获得补偿资金，并保证中山市饮用水水源地生态补偿资金的使用效率与效果，建议全市饮用水水源地生态补偿资金筹集完毕后，由市财政拨付至镇区，镇区负责按照政策规定落实饮用水水源地生态补偿资金的开支。

6.4.2　补偿资金使用范围研究

6.4.2.1　使用范围意见调查结果

本次对全市拥有饮用水水源地的镇区开展问卷调查中，设计了镇区政府支配使用的饮用水水源地生态补偿资金的使用范围的问题，并设计为半开放的题目，根据其他地区生态补偿资金使用范围经验和中山市饮用水水源地管理责任分配现状来设计备选的选项，提供了包括：①饮用水水源地日常管理（巡查、监测、物理隔离设施维护、监测等）。②饮用水水源地周围村/社区污水收集和处理设施建设、运维。③饮用水水源地周围村/社区生活垃圾长效保洁经费。④饮用水水源地水面及其上游水域保洁。⑤饮用水水源地周围村/社区生活污水处理设施建设或改建。⑥饮用水水源地周围村/社区垃圾中转站（场）建设。⑦饮用水水源地周围村/社区生态公厕。⑧饮用水水源地周围河道整治建设。⑨饮用水水源地内及周围农业面源污染综合治理。⑩饮用水水源地周围水土保持。⑪饮用水水源地周围自然生态修复。⑫饮用水水源地内居民搬迁补贴。⑬饮用水水源地内村集体土地、鱼塘租金损失补偿。⑭其他等 14 个选项。

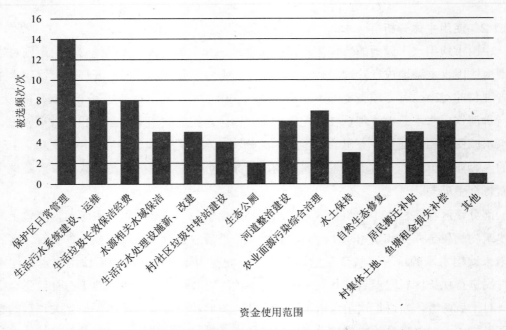

图 6-3　镇区的饮用水水源地生态补偿资金的使用范围调查结果

调查结果如图 6-3 所示，可见镇区认为最应该纳入镇区支配饮用水水源地生态补偿资金使用范围的包括：饮用水水源地日常管理（巡查、监测、物理隔离设施维护、监测等）、饮用水水源地周围村/社区污水收集和处理设施建设、运维，饮用水水源地周围村/社区生活垃圾长效保洁经费，饮用水水源地内及周围农业面源污染综合治理，饮用水水源地周围河道整治建设，饮用水水源地周围自然生态修复和饮用水水源地内村集体土地、鱼塘租金损失补偿等。认为最没必要纳入资金使用范围的前三类用途分别为饮用水水源地周围村/社区生态公厕、饮用水水源地周围水土保持和饮用水水源地周围村/社区垃圾中转站（场）建设。

6.4.2.2　现行生态补偿资金的使用范围

（1）中山市耕地生态补偿资金的使用范围

根据《中山市耕地保护补贴实施办法》（中府办〔2015〕13 号），耕地保护补贴资金应按以下原则进行分配：①省级基本农田保护补贴专项资金以 15 元/（亩·a）的标准按实际核定面积直接补贴给承担相应基本农田保护责任的农村集体经济组织。②扣除省级基本农田保护补贴专项资金后所剩的基本农田及其他耕地保护补贴资金，40%由各镇政府统筹使用，用于本地区农业基础设施建设，60%按实际核定耕地面积补贴到承担耕地保护责任的农村集体经济组织。

补贴给承担耕地保护任务的农村集体经济组织的资金，需按照《中华人民共和国村民委员会组织法》召开村民会议同意后在以下范围内使用：①耕地保护，包括农田基础设施建设、农田生态环境建设、农田整治和农田集约经营等。②提升地力，包括土壤有机质提升、增厚耕作层、科学施肥技术、地力监测点的建设和监控。③社会养老及医疗保险补贴，包括农村集体经济组织成员参加社会养老保险以及社会医疗保险的补贴。

可见，镇政府统筹使用的耕地生态补偿资金规定用于本地区农业基础设施建设。农村集体经济组织获得的生态补偿资金的使用范围相对较广，除耕地保护和提升地力外，还可用于社会养老及医疗保险补贴。

（2）中山市生态公益林生态补偿资金使用范围

根据《中山市生态公益林效益补偿项目及资金管理办法》（中林〔2015〕34 号），中山市省、市级生态公益林效益补偿资金分为损失性补偿资金和公共管护经费，其中损失性补偿资金根据生态公益林的经营情况进行分配，对于属自留山、责任上或依法承包租赁的，通过"一卡（折）通"方式全额发放给农户或承包租赁者；对于由村（组）集体统一经营的，损失性补偿资金的 70%以上由财政部门通过银行"一卡（折）通"方式直接发放到个人（户），村（组）集体可按不高于生态公益林损失性补偿资金的 30%比例提留管护经费。

市级林业部门管护经费和镇（区）管护经费的使用范围为：①损失性补偿资金直接用于补偿因划定为省级或市级生态公益林而禁止采伐林木造成经济损失的林地经营者或林

木所有者。②市统筹经费主要用于森林火灾预防与扑救、林业有害生物预防与救治、生态公益林信息系统建设、宣传培训、检查验收等生态公益林管理管护支出。③镇（区）管护经费主要用于管护人员的工资、管护工具的购置、森林火灾预防与扑救、林业有害生物预防与救治、造林和抚育、资料档案管理费、管护基础设施建设、生态公益林协调管理等管护开支。

（3）小结

综上所述，中山市现有镇区政府统筹的耕地和生态公益林生态补偿资金，均规定只能在耕地和生态公益林保护相关范围内使用。生态补偿资金支出范围相对集中的制度设计，具有以下两个优点：一是符合生态补偿资金专项资金的"专款专用"的财政制度要求；二是有利于提高生态补偿资金促进生态环境保护效果的发挥。

6.4.2.3　上级政策文件规定

《广东省饮用水水源水质保护条例》规定应依法对以下两种情形进行补偿：其一为因划定或者调整饮用水水源保护区，对饮用水水源保护区内的公民、法人和其他组织的合法权益造成损害的，有关人民政府应当依法予以补偿。在《中山市水环境保护条例》中进一步明确了依法予以补偿的主体为项目和设施所在地的镇人民政府。其二为《广东省饮用水水源水质保护条例》施行前批准在饮用水水源保护区内设置的项目和设施，依照本条例属于禁止设置的，由县级以上人民政府或者有关行政主管部门限期停业、关闭或者拆除，恢复原状；逾期不停业、关闭或者拆除的，依法强制执行。停业、关闭或者拆除的项目和设施的所有者或者经营者的合法权益受到损害的，有关人民政府依法予以补偿。

6.4.2.4　使用范围分析

基于饮用水水源地生态补偿政策的目的，饮用水水源地生态补偿资金的使用范围应围绕水源保护这一核心。参考其他地区饮用水水源地生态补偿资金、中山市耕地和生态公益林生态补偿资金使用范围规定经验，根据中山市饮用水水源地管理支出现状与需求，结合相关部门、镇区与村庄（社区）意见，考虑未来几年全市饮用水水源地"属地管理"责任落实的资金需求，建议中山市饮用水水源地生态补偿资金的使用范围为：

（1）饮用水水源地管理日常支出

主要包括：①饮用水水源地日常巡查人员的工资、巡查交通费和测量、水质检测等相关巡查装备。②测量、水质检测费用。③保护区标志牌和物理隔离设施建设与维护。④饮用水水源地污染事故应急管理制度实施。⑤饮用水水源地相关水域保洁管理。⑥饮用水水源地周围村/社区污水收集和处理设施建设运维。⑦饮用水水源地周围村/社区生活垃圾长效保洁经费。⑧饮用水水源地内及周围土地（含地上附着物）或构筑物租金。⑨《广东省饮用水水源水质保护条例》第三十九条规定情况之补偿资金。⑩饮用水水源保护宣传教育。⑪镇区落实"属地管理"责任所产生的支出。

（2）饮用水水源保护相关项目支出

主要包括：①饮用水水源地周围村/社区污水收集和处理设施建设。②饮用水水源地内及周围农业面源污染综合治理。③饮用水水源地相关河道整治工程。④饮用水水源地相关自然生态修复工程。⑤其他有利于保障水源水质的工程。

（3）饮用水水源地内土地直接补偿

（4）饮用水水源地内土地的征收或收回

此外，根据相关规定，生态补偿资金不得用于以下支出：①行政事业单位的机构和人员经费。②各种奖金、津贴补助。③其他与饮用水水源地保护不相符合的支出。

6.5　补偿资金的筹集模式

中山市饮用水水源地生态补偿资金纳入中山市生态补偿专项资金，其筹集环节的操作遵循全市生态补偿专项资金的管理要求。全市生态补偿资金坚持"市财政主导、镇区财政支持"的纵横向结合的资金筹集模式。市、镇区两级实行均一化生态服务付费，各镇区根据其生态补偿责任上缴生态补偿资金至市财政，纳入市生态补偿专项资金，专项用于全市生态补偿支出。

市、镇区生态补偿资金筹集采用基于区域综合平衡的生态补偿资金筹集模式，并按比例分担耕地、生态公益林和饮用水水源地生态补偿资金。基于区域综合平衡的生态补偿资金筹集模式是指全市生态公益林、耕地和饮用水水源地生态补偿资金除省下拨和市财政安排的资金外，三项生态补偿资金的缺口资金由镇区内生态补偿范围的总面积占全镇区比例低于全市平均水平的镇区根据生态补偿综合责任分配系数共同承担。即镇区内生态补偿范围总面积的计算公式如下：

$$a_i = \sum (a_{i1} + a_{i2} + \cdots + a_{in}) \tag{6.1}$$

式中：a_i——第 i 个镇区的生态补偿范围总面积；

$\quad\quad a_{in}$——第 i 个镇区的单资源要素生态补偿范围面积。

镇区生态补偿综合责任分配系数与镇区生态补偿范围的缺口面积有关，见式（6.2），镇区应支付的生态补偿资金规模由其生态补偿综合责任分配系数和镇区共同承担的生态补偿资金总规模决定，可利用式（6.3）计算获得。

$$t_i = \frac{f_0 A_i - a_i}{\sum (f_0 A_i - a_i)} \quad (\text{当 } f_0 A_i - a_i \leqslant 0 \text{时，} t_i = 0) \tag{6.2}$$

式中：t_i——第 i 个镇区的生态补偿综合责任分配系数；

$\quad\quad f_0$——全市生态补偿范围总面积占全市总面积的比例；

$\quad\quad A_i$——第 i 个镇区的总面积；

a_i —— 第 i 个镇区的生态补偿范围总面积。

$$P_i = t_i \times P \qquad\qquad (6.3)$$

式中：P_i —— 第 i 个镇区应支付的生态补偿资金；

P —— 全市镇区应共同承担的生态补偿资金总规模。

6.6　生态补偿资金分配模式与使用程序研究

6.6.1　资金分配模式研究

（1）基于面积的生态补偿分配模式

基于第 5 章所确定的 2018—2022 年中山市饮用水水源一级、二级保护区生态补偿标准分别为 500 元/（亩·a）、250 元/（亩·a），对全市未来 5 年饮用水水源地生态补偿资金分配情景进行预测，结果如表 6-4 所示。可见，石岐区、火炬开发区、西区、黄圃镇、民众镇、沙溪镇和阜沙镇等 7 个镇区没有饮用水水源一级保护区，其将获得的饮用水水源一级保护区生态补偿资金均为零，其他 17 个镇区按其面积切分全市 2 362.7 万元饮用水水源一级保护区生态补偿资金；石岐区、西区和沙溪镇没有饮用水水源二级保护区，其将获得的饮用水水源二级保护区生态补偿资金均为零，其他 21 个镇区按其面积切分全市 4 378.3 万元饮用水水源二级保护区生态补偿资金。

表 6-4　中山市年度饮用水水源地生态补偿资金原始分配情况

序号	镇区	饮用水水源一级保护区		饮用水水源二级保护区	
		面积/亩	补偿资金/元	面积/亩	补偿资金/元
1	石岐区	0	0	0	0
2	东区	15 946.95	7 973 475	30 444.3	7 611 075
3	火炬开发区	0	0	6.3	1 575
4	西区	0	0	0	0
5	南区	1 094.85	547 425	3 422.55	855 638
6	五桂山	4 706.7	2 353 350	25 046.55	6 261 638
7	小榄镇	1 560	780 000	3 567.45	891 863
8	古镇镇	794.1	397 050	1 902.45	475 613
9	南头镇	1 299.75	649 875	3 106.5	776 625
10	南朗镇	6 860.4	3 430 200	15 484.2	3 871 050
11	三乡镇	2 262.75	1 131 375	7 304.55	1 826 138
12	神湾镇	1 040.1	520 050	17 489.4	4 372 350
13	黄圃镇	0	0	2 920.65	730 163
14	民众镇	0	0	3 561.15	890 288
15	东凤镇	2 653.95	1 326 975	10 408.2	2 602 050

序号	镇区	饮用水水源一级保护区		饮用水水源二级保护区	
		面积/亩	补偿资金/元	面积/亩	补偿资金/元
16	东升镇	931.95	465 975	4 877.85	1 219 463
17	沙溪镇	0	0	0	0
18	坦洲镇	1 148.1	574 050	4 540.35	1 135 088
19	港口镇	1 569.6	784 800	9 753.75	2 438 438
20	三角镇	573.15	286 575	3 370.35	842 588
21	横栏镇	1 161	580 500	7 149.3	1 787 325
22	阜沙镇	0	0	4 678.95	1 169 738
23	板芙镇	1 771.05	885 525	13 278.6	3 319 650
24	大涌镇	1 879.05	939 525	2 818.95	704 738
	合计	47 253.45	23 626 725	175 132.35	43 783 094

（2）基于面积与属地责任落实考核的分配模式

为了进一步提升饮用水水源地生态补偿促进水源保护的政策效果，部分地区饮用水水源地生态补偿资金分配采取弹性分配法。中山市饮用水水源地分布较为分散，镇区"属地管理"责任的落实对全市饮用水水源安全保障意义重大。根据"谁保护，谁受偿"的原则，饮用水水源地生态补偿资金的分配原则亦应体现"权责一致"原则，也就是说，镇区获得饮用水水源地生态补偿资金的前提是其饮用水水源地"属地管理"责任已切实落实。基于此，有必要在全市饮用水水源地生态补偿资金分配至镇区的环节，引入绩效考核结果联动机制，即根据饮用水水源地生态补偿绩效考核结果，对已经落实饮用水水源地"属地管理"责任的镇区，按照面积与补偿标准足额发放补偿资金；对于未落实饮用水水源地"属地管理"责任的镇区，对其生态补偿资金进行扣减发放，建立饮用水水源地"属地管理"责任落实激励机制。引入绩效考核结果联动机制下的饮用水水源地生态补偿资金分配方法为镇区可获得的饮用水水源地生态补偿资金由其面积和上一年度饮用水水源地生态补偿绩效考核结果共同决定。

镇区年度应获得的饮用水水源地生态补偿资金的核算公式调整为：

$$Z_i = \left(M_{-级i} \times B_{-级} + M_{二级i} \times B_{二级} \right) \times q_i \tag{6.4}$$

式中：Z_i —— 第 i 个镇区应获得的饮用水水源地生态补偿资金，元；

　　　$M_{-级i}$ —— 第 i 个镇区的饮用水水源一级保护区的面积，亩；

　　　$B_{-级}$ —— 全市当年饮用水水源一级保护区生态补偿标准，元/亩；

　　　$M_{二级i}$ —— 第 i 个镇区的饮用水水源二级保护区的面积，亩；

　　　$B_{二级}$ —— 全市当年饮用水水源二级保护区生态补偿标准，元/亩；

　　　q_i —— 第 i 个镇区上一年度饮用水水源地生态补偿绩效考核指数，量纲一。

具体饮用水水源地生态补偿绩效考核的内容与考核指数的计算方法详见第 7 章。

6.6.2 资金使用程序研究

6.6.2.1 财政专项资金使用规定

（1）市级财政专项资金管理办法

中山市饮用水水源地生态补偿资金属于专项资金，其使用程序必须符合中山市专项资金管理的规定。《中山市市级财政专项资金管理办法》（中府〔2014〕108 号）（以下简称《专项资金管理办法》）对全市市级财政专项资金管理提出了具体要求，要求根据公平、公正原则分配专项资金，严格落实"公开是常态，不公开是例外"要求，加快推进专项资金信息公开，接受社会监督。按照"事前审核、事中检查、事后评价"要求，对专项资金实施全过程监督控制，建立科学完善的专项资金监管制度。专项资金分配对象涉及镇区的，须先经镇区有关部门推荐审核。其中镇区业务主管部门负责对本镇区组织申报的项目材料和用款申请资料的真实性、合规性、完整性进行审核，组织项目验收；镇区财政部门负责对项目申报材料和用款申请资料的合规性、完整性进行审核；镇区审计和纪检监察部门按照部门职责对本镇区使用市级专项资金情况开展审计和监督工作。

市业务主管部门原则上须于每年 4 月底前，最迟不超过 6 月底在专项资金年度预算安排的额度内提出专项资金明细分配方案（包括分配方法、支持方向或范围、分配单位、子项目名称、补助金额等），报分管市领导审批同意后方可执行。

针对专项资金预算执行，《专项资金管理办法》规定各部门应根据逐级审批原则，结合各自职责，按照专项资金具体管理办法和中山市国库集中支付管理有关规定办理专项资金申请拨付手续。需再分配至镇区或相关市直单位的资金，由市业务主管部门发文或会同财政部门联文通知相关镇区或单位，并按现行预算指标调整有关程序办理。每年 9 月底前仍未发文办理预算指标调整的，原则上由市财政部门统一收回。需再分配至镇区或相关市直单位的资金，由市业务主管部门发文或会同财政部门联文通知相关镇区或单位，并按现行预算指标调整有关程序办理。每年 9 月底前仍未发文办理预算指标调整的，原则上由市财政部门统一收回。

市业务主管部门和资金使用单位必须加强专项资金使用分配方面的财务管理。①除根据省以上有关文件规定外，原则上不得将专项资金用于公用经费、人员工资福利、部门常规工作涉及的其他经常性经费支出以及基建工程项目。②专项资金必须严格按照相关的支出标准或有关规定开支，不得超标准、超范围开支，原始凭证所反映的支出内容必须真实准确且与专项资金规定用途一致。③资金使用单位要健全报账手续，严格报账程序，规范财务审批，严禁"白条"入账和大额现金结算，杜绝挤占、挪用、套取专项资金。④市业务主管部门和资金使用单位要按照有关规定对财政专项资金进行会计核算，严格执行相关财务规章制度和会计核算办法，并按规定编制财务报表。除国家有明确文件规定可设立财政专户的，应严格执行财政专户有关规定外，其他应实行专账管理，指定专人负责，确保专账管理、单独核算、专款专用，按规定开支，不得与其他经费混淆使用。

预算年度结束后，市业务主管部门和镇区业务主管部门应根据财政部门年度决算要求，及时将专项资金支出情况编列部门年度决算报表。每年年终未用的专项资金预算指标，原则上由市财政部门收回，不予结转。

（2）耕地生态补偿资金的使用程序

《中山市耕地保护补贴实施办法》（中府办〔2015〕13 号）未规定镇区政府统筹使用的耕地生态补偿资金的使用程序，仅要求"各镇政府需根据本地区实际情况，制定耕地保护经济补偿制度实施细则"。

其中民众镇制定了《民众镇耕地保护补贴专项资金管理办法》，该文件对耕地生态补偿资金的使用程序规定如下：耕地保护补贴资金发放程序主要申请、拨付、村（居）委会使用资金和资金使用情况公布或公示。其中：①申请环节，规定符合本办法规定可享受补贴的各村（居）委会，按照补贴资金使用范围制定补贴资金使用方案（含方案、相关招投标资料、合同等）报镇政府审批。②拨付。补贴资金使用方案经镇政府审批后由财政分局办理资金拨付手续，按以下两种方式拨付：a. 由村（居）委会自行实施的耕地保护项目，其对应的补贴资金财政直接拨付给村（居）委会账户，由村（居）委会自行组织实施。b. 镇统一实施的耕地保护项目中明确各村（居）委会要配套资金的，村（居）委会可委托财政分局在村（居）委会年度耕地保护补贴资金中扣款方式支付。③村（居）委会使用资金。各村（居）委会的资金，需按照《中华人民共和国村民委员会组织法》召开村民会议同意后在以下范围内使用：a. 耕地保护，包括农田基础设施建设、农田生态环境建设、农田及鱼塘整治和农田集约经营等；b. 提升地力，包括土壤有机质提升、增厚耕作层、科学施肥技术、地力监测点的建设和监控；c. 社会养老及医疗保险补贴，包括农村集体经济组织成员参加社会养老保险以及社会医疗保险的补贴。④资金使用情况公布或公示。各村（居）委会要把补贴资金收入、开支情况，按财务管理制度规定定期向群众公布或公示，接受群众监督。

（3）生态公益林生态补偿资金的使用程序

《中山市生态公益林效益补偿项目及资金管理办法》（中林〔2015〕34 号）规定了生态公益林效益补偿资金的申报程序为：①符合条件的补偿对象向生态公益林所在居（村）委会提交申报资料，村委会汇总申请后，报镇区林业部门审核。②镇区林业部门分别对申请对象条件、生态公益林面积、补偿金额等相关要素初审通过后，会同有关单位（村委会等），与申请补偿对象签订现场界定书，建立档案资料报送市林业部门。③市林业部门对申报材料进行复审通过后将资金安排计划报市政府批准后送市财政局备案。该文件还对申报材料进行了详细的规定。生态公益林效益补偿资金的拨付规定如下：生态公益林效益补偿资金纳入财政专项资金管理，主管部门根据市政府批复的分配方案按国库集中支付程序办理资金拨付手续。

6.6.2.2 饮用水水源地生态补偿资金的使用程序研究

饮用水水源地生态补偿资金纳入全市生态补偿专项资金，全市饮用水水源地生态补偿资金筹集后，由市财政局拨付根据各镇区所拥有饮用水水源保护区面积和绩效考核结果分配至全市各个镇区。镇区政府在资金使用范围内根据相关程序落实资金使用。基于上一节分析，全市饮用水水源地生态补偿主要用于：饮用水水源地管理日常支出、饮用水水源保护相关项目支出、保护区内土地直接补偿和保护区内土地的征收或收回。

（1）饮用水水源地管理日常支出

饮用水水源地管理日常支出主要包括：①饮用水水源地日常巡查人员的工资、巡查交通费和测量、水质检测等相关巡查装备。②保护区标志牌和物理隔离设施建设与维护。③饮用水水源地污染事故应急管理制度实施。④饮用水水源地相关水域保洁管理。⑤饮用水水源地周围村/社区污水收集和处理设施建设运维。⑥饮用水水源地周围村/社区生活垃圾长效保洁经费。⑦饮用水水源保护宣传教育。⑧镇区落实"属地管理"责任所产生的支出。上述费用在进行支出时，应提供具体开支与饮用水水源地管理之间关系的说明，例如，饮用水水源地相关水域保洁管理开支应为饮用水水源地内水域及其上游水域的保洁管理，不应将其他无关水域的保洁管理费用在饮用水水源地生态补偿资金中列支。在进行饮用水水源地管理日常支出时，应遵循《市专项资金管理办法》所提出的"原则上不得将专项资金用于公用经费、人员工资福利、部门常规工作涉及的其他经常性经费支出"的要求。

（2）饮用水水源保护相关项目支出

饮用水水源保护相关项目支出主要包括：①饮用水水源地周围村/社区污水收集和处理设施建设。②饮用水水源地内及周围农业面源污染综合治理。③饮用水水源地相关河道整治工程。④饮用水水源地相关自然生态修复工程。⑤其他有利于保障水源水质的工程。对于此类水源保护相关项目的支出，应提供该项目与水源保护相关性的说明，参考表6-5样式填写后提交市生态环境局审核确定后方可支出。

（3）饮用水水源地内土地直接补偿

饮用水水源地内土地直接补偿时，应明确获得土地直接补偿的集体、个人的水源保护责任，督促接受土地直接补偿方落实保护责任。

保护区内土地直接补偿资金的申报程序为：①饮用水水源保护区内土地权利人向所在居（村）委会提交申报资料，村委会汇总申请后，报镇区环保部门会同镇区相关部门审核。②镇区对申请对象条件、补偿面积、补偿金额等相关要素审核通过后，与申请补偿对象签订水源保护责任书，建立档案资料。③镇区财政部门依据水源保护责任书，发放土地直接补偿资金给申请人。

表 6-5　饮用水水源保护相关项目支出申请表

项目名称	
建设期	_____年至_____年
项目类型	□饮用水水源地周围村/社区污水收集和处理设施建设 □饮用水水源地内及周围农业面源污染综合治理 □饮用水水源地相关河道整治工程 □饮用水水源地相关自然生态修复工程 □其他有利于保障水源水质的工程：_____
资金使用主体	
资金申请人	｜申请时间｜_____年___月___日
投资	总投资情况：规模：_____万元　计划自专项资金列支：_____万元　其他：_____万元，资金来源：_____ 本年度投资情况：规模：_____万元　计划自专项资金列支：_____万元　其他：_____万元，资金来源：_____
项目简述	主要包括项目建设规模与内容 项目实施对水源保护影响 受益人数、受益面积和收益程度说明
其他情况说明	
项目相关材料作为附件提供，清单如右表格所示	项目相关材料包括但不限于： 1. 项目立项依据相关证明材料； 2. 项目与饮用水水源保护相关性证明材料； 3. 项目设计方案、可行性研究报告、环评报告等立项材料 （注：如同一项目再次申请的，无须重复提供上述材料）

水源保护责任书包括土地直接补偿对象、申请补偿的土地面积、申请补偿的土地范围、补偿标准、补偿金额、银行账户和申请人水源保护责任承诺等内容。水源保护责任书一式三份，申请人、所在居（村）委会和镇区环保部门各执一份。

直接补偿标准与受补偿土地所属饮用水水源地的生态补偿标准一致，即位于饮用水水源一、二级保护区内的受补偿土地的直接补偿标准分别为 500 元/（亩·a）和 250 元/（亩·a）。若已获生态公益林或耕地生态补偿，则应扣除已获得的其他类型（林地资源特殊性补偿金除外）生态补偿资金。

镇区相关部门加强补偿对象监督，对违反饮用水水源地管理相关规定的补偿对象，除收回专项资金外，依照有关法律、法规追究有关责任人的责任。申请人上一年度存在违反饮用水水源地管理规定的行为的，不予直接补偿。接受直接补偿金的村集体或个人，应履行水源保护责任，若违反饮用水水源地管理相关规定，则追回直接补偿金。

（4）保护区内土地的征收或收回

饮用水水源地生态补偿资金用于饮用水水源保护区范围内土地征收或收回时，镇区政府与保护区内土地权利人签订相关协议，镇区财政部门根据协议列支。

协议应明确所征收土地中饮用水水源保护区范围内土地的面积、范围、交易价格和土地权利人的水源保护责任。

6.6.3　资金管理档案制度与信息公开研究

6.6.3.1　资金管理档案制度

镇区内部加强饮用水水源地生态补偿资金全过程档案管理，镇区应对年度生态补偿资金管理全过程相关资料进行整理、归档。各镇区在规定时间内将年度饮用水水源地生态补偿资金使用情况和生态补偿项目进展情况上报市生态环境局，将生态补偿资金收支情况表上报饮用水水源地生态补偿实施小组，该小组负责全市饮用水水源地生态补偿资金管理的档案建立与管理。

6.6.3.2　资金信息公开制度

饮用水水源地生态补偿资金使用情况公开的主体包括饮用水水源地生态补偿实施小组和全市各个获得饮用水水源地生态补偿资金的镇区。

要切实增加项目资金使用的透明度，饮用水水源地生态补偿实施小组要及时公开年度饮用水水源地生态补偿资金筹集与分配情况。各镇区对年度饮用水水源地生态补偿资金使用情况和生态补偿项目进展情况予以公示，认真接受广大群众监督，确保饮用水水源地生态补偿资金真正发挥水源水质保护工作的积极推动作用。各镇区应公开包括镇区年度生态补偿资金的金额、年度生态补偿资金的使用情况、年度生态补偿资金使用的依据等信息。

第 7 章

饮用水水源地生态补偿绩效考核机制研究

7.1 经验借鉴

7.1.1 饮用水水源地管理绩效考核主要做法

7.1.1.1 苏州市水源地村生态补偿考核

2011 年，为落实获得生态补偿的水源地村的水源保护责任，苏州市开始施行《苏州市水源地村生态补偿考核办法》。

（1）考核对象

苏州市水源地村生态补偿考核的对象为市本级县级以上集中式饮用水水源地保护区范围内接受生态补偿的村及所在地的镇，以村为主。

（2）考核内容

①相关法律、法规执行情况。

②巡查情况。是否做到定员、定时，有记录；发现违法违规行为是否及时制止，是否向有关部门报告并配合做好工作。

③污染源控制情况。控制点源污染、农业面源污染情况，各类船只管理情况，养殖管理情况。

④加快基础设施建设，加快生活污水收集、处理。具体考核方案制定情况、实施情况和管理情况。

⑤入湖河道管理情况。是否定期实施出入湖河道清淤，增强水体流动；是否加强掩护闸门启闭管理，是否出现河水倒流入湖现象。

⑥蓝藻防控情况。是否按照有关部门的要求，组建蓝藻打捞队伍、落实打捞船只；是否按指令及时高效组织打捞工作。

⑦村庄垃圾收集情况。农村生活垃圾是否统一收集、清运、处理，是否随意抛撒入河。

（3）考核方式

苏州市水源地村生态补偿考核采取定期考核、日常检查和随机抽查相结合的方式，市财政局、水利局在每年的第四季度对县级以上集中式饮用水水源地保护区范围内接受生态补偿的村及所在镇进行考核。考核采取听汇报、现场检查和查阅资料相结合的方法，抽查和定期考核结果将作为拨付下年度生态补偿金的依据。县级以上集中式饮用水水源地保护区范围内接受生态补偿的村及所在地的镇应在下拨生态补偿金前上报年度工作的落实情况。

（4）考核结果应用

苏州市水源地村生态补偿考核结果直接影响生态补偿资金拨付。如在水源保护区内引进污染项目或新增污染源，将取消补偿资格并予以整改；如未能履行职责，未按计划完成农村生活污水治理任务或者多次发生船只乱停乱放、多次出现河水倒流等现象，并未按要求完成整改的，整改期内暂缓拨付补偿金，整改期满后仍未整改到位的，减半拨付当年生态补偿资金。

7.1.1.2　温州市市级饮用水水源地保护考核

温州市市级饮用水水源地保护专项补偿资金绩效考核包括饮用水水源地保护考核和生态补偿专项资金使用情况绩效考评和审计两部分，前者重点考核受偿者水源地保护责任的落实情况，后者重点考核受偿者专项资金使用的情况。2016 年发布实施的要求市级人民政府对水源地县级人民政府落实水源地保护责任进行年度考核，结合考核结果，实行奖罚。年度考核重点突出水源地县级政府对入库支流和库区水质保护、相关污水处理设施的运维管理、相关区域日常保洁以及市级饮用水水源地保护的各项规定要求的落实情况，科学体现各地水源地保护任务量及工作成效。市级饮用水水源地的县级人民政府于每年年初向市财政局、市环保局上报上年度专项资金安排使用情况。市财政局、市环保局、市水利局（市珊溪水利枢纽管理局）、市审计局定期对专项资金的使用情况进行绩效考评和审计。2017年，温州市环境保护局制定了《温州市级饮用水水源地保护考核办法》，该考核办法的具体内容如下：

（1）考核对象

明确考核对象为涉及珊溪（赵山渡）水库、泽雅水库、瓯江山根水源（备用）的瑞安市、文成县、泰顺县、瓯海区、鹿城区、永嘉县政府。

（2）考核时间范围

考核的时间范围为上年 12 月至本年 11 月各相关工作，考核采取百分制。

（3）考核具体赋分方法

考核指标分别采取多因子考核和单因子考核，其中珊溪（赵山渡）水库和泽雅水库实行多因子考核，包括：水源地入库支流水质（权重 45%）、水源地保护日常管理（权重 25%）、水源地环保基础设施运行管理（权重 25%）和水源地库周森林资源保护（权重 5%）等 4 个因子。瓯江山根水源实行单因子考核，仅考核水源地保护区域内水质达标情况。

温州市级饮用水水源地保护考核具体赋分方法以珊溪（赵山渡）水库为例：

①水源地入库支流断面水质考核。每月对入库支流断面水质开展监测并评价，评价项目分别为高锰酸盐指数、氨氮、总磷，采用单因子评价。根据监测结果，计算各地入库支流考核断面年度达标率（辖区全年每月入库考核支流达标条数之和/辖区全年每月列入考核支流条数之和）。再根据年度达标率计算考核得分（入库支流考核断面年度达标率×100）。

②水源地保护日常管理考核。珊溪（赵山渡）水源地保护日常管理内容为水源地保护日常管理（权重 60%）、是否发生涉库环境安全行为（权重 40%）。水源地保护日常管理具体考核细则由市珊管办负责制定。

③水源地环保基础设施运行管理考核。水源地环保基础设施运行管理考核内容为水源地城镇污水处理厂运行管理（权重 48%）、农村生活污水治理设施运行维护管理（权重 32%）和生活垃圾治理设施运行维护管理（权重 20%），具体考核细则由市珊管办负责制定。

④水源地库周森林资源保护考核。a. 保持公益林保有量面积的得 40 分，面积每减少万分之一扣 2 分，扣完为止；完成公益林优质林分面积得 20 分，完成率每下降 1%扣 2 分，扣完为止；b. 公益林变更调整合理规范得 20 分，发生一起森林火灾或破坏森林资源案件扣 2 分，扣完为止。c. 公益林管理机构健全得 20 分。公益林面积 30 万亩以上的县（市、区）配备公益林专职管理人员，未达到要求的，扣 10 分；公益林面积 5 万亩以上的乡镇设置公益林管理站，未达到要求的，扣 10 分。

（4）考核措施

①明确考核单位。市环保局会同市水利局（市珊管办）、市综合行政执法局、市林业局、市委农办（市农业局）分头负责组织开展考核打分，其中市环保局负责珊溪（赵山渡）库区、泽雅库区水源地入库支流断面水质指标、瓯江山根（备用）水源地水质指标考核、泽雅库区相关职能范围的日常管理情况考核；市水利局（市珊管办）负责珊溪（赵山渡）库区水源地环保基础设施运维情况指标考核和日常管理情况考核；市综合行政执法局负责泽雅库区水源地环保基础设施运维情况指标考核和相关职能的日常管理情况考核，市委农办（市农业局）负责泽雅库区水源地相关职能的日常管理情况考核；市林业局负责珊溪（赵山渡）库区、泽雅库区水源地库周森林资源保护情况指标考核和相关职能的日常管理情况考核。如果各相关部门对日常考核扣分汇总后超过总分值的，扣完总分值。

②明确考核节点。严格按照规定程序进行水源地保护考核工作。

③明确考核责任。各考核细则每年一定，其中珊溪（赵山渡）库区水源地由市珊管办牵头制定，泽雅库区和山根水源地由市环保局会同市相关部门牵头制定。所有考核细则由

市环保局统一印发后实施。相关县（市、区）人民政府是责任主体，对本行政区域水源保护工作负责。

（5）考核结果的应用

市环保局汇总各专项分值后，根据权重计算各地最终得分。考核分值在 90 分及以上的，当年全额获得按因素法分配的饮用水水源地保护专项补偿资金；考核分值在 90 分以下的，按 90 分减得分后的分值，每一分值扣罚当年按因素法分配的饮用水水源地保护专项补偿资金 1%。市环保局会同市财政局根据各地最终得分核定扣罚资金，拟定当年专项补偿资金分配方案，并联合上报市政府同意后按照规定程序拨付。

7.1.1.3 温州市平阳县五十丈饮用水水源地生态补偿的乡镇考核

2016 年，平阳县人民政府办公室印发《平阳县五十丈饮用水水源地生态补偿暂行办法》，对生态补偿乡镇考核做了以下规定：

（1）考核对象

温州市平阳县五十丈饮用水水源地生态补偿考核的对象为获得生态补偿资金的乡镇。

（2）考核内容

温州市平阳县五十丈饮用水水源地生态补偿的乡镇考核内容包括水源地水质、辖区内环境污染与生态破坏责任事故发生情况和生态补偿专项资金使用绩效考核。

县环保局在生态补偿乡镇设置水质监测站位，加强水质监测并进行年度考核。根据需要设置 5 个考核站位，分别是入境断面福全底、南雁镇五十丈水源地坝内、顺溪镇与南雁镇交界处（堂基村）、怀溪镇岳溪村与南雁交界、青街乡垟心村。主要监测高锰酸盐指数、氨氮、总磷 3 个指标。每季度首月 15 日作为考核取水样基准日，考核取全年平均值。

（3）考核结果的应用

乡镇水质监测、辖区内环境污染与生态破坏责任事故发生情况考核结果作为安排生态补偿资金的重要依据。年度水质监测均值达到水环境功能区水质要求的，给予该乡镇人民政府全额生态补偿资金；排除入境断面水质影响，乡镇年度水质监测均值不能达到功能区要求的，若首个年度不达标，给予全额补偿金的 50%。若连续年度不达标，则以补偿资金的 50%为基数，水质较上年提升的，每个提升指标给予增加全额补偿资金 10%；水质较上年恶化的，每个恶化指标扣罚补偿资金 10%，依此类推。此外，辖区内发生较大环境污染和生态破坏责任事故的，取消当年所有生态补偿资金。本年度扣罚的生态补偿资金累加到下年度生态补偿资金中，作为基数使用。

（4）资金使用绩效考核

在生态补偿专项资金使用绩效考核方面，由县财政局和县美丽平阳办对生态补偿专项资金的使用情况实行跟踪问效反馈，并进行绩效考评。县审计部门对生态补偿专项资金的使用情况进行审计监督。

7.1.1.4　慈溪市饮用水水源保护区生态环境保护工作考核

2015 年，慈溪生态市建设工作领导小组办公室根据市政府《关于对饮用水水源保护实施补偿的意见》，制定了《全市饮用水水源保护区生态环境保护工作考核办法》，建立饮用水水源地生态补偿绩效考核机制。

（1）考核对象与范围

慈溪市饮用水水源地生态补偿绩效考核的对象为水库所在镇，考核的范围为水库一级保护区及引水集雨区，同一镇涉及多个水库的实行一库一考。

（2）考核方式

慈溪市饮用水水源地生态补偿绩效考核的方式为平时检查考核和年终考核相结合。平时检查考核每季度一次，以现场检查为主，必要时查阅档案资料；年终考核每年 11 月举行，以现场检查和台账资料查阅的方式进行。

（3）考核内容

慈溪市饮用水水源地生态补偿绩效考核的内容分奖惩指标和考核指标两大部分。奖惩指标包括酌情加分指标、一票否决指标、取消优秀等级评定指标和加倍扣分指标四类。酌情加分指标分别为：①饮用水水源水质好于上年一个类别的加 2 分，好于两个类别的加 5 分。②饮用水水源保护氛围浓厚，保护措施得力，并有亮点、示范作用的加 3 分。一票否决指标指当出现以下情形之一时，当年度考核为不合格：①当年度饮用水水源水质达不到 Ⅲ类的。②因"属地管理"原因发生影响饮用水水源安全的突发污染事件导致取水中断的。③在饮用水水源一级保护区及引水集雨区内，擅自改变林地用途，破坏森林资源，构成犯罪并追究刑事责任的。④未实行一湖一策精细化管理的。⑤违规使用生态补偿款的。取消优秀等次评定指标为：①饮用水水源一级保护区及引水集雨区内有新建、扩建项目的或原有项目已停止后又复产的。②未在饮用水水源保护区开展以生态环境保护和保护饮用水水源为主题的宣传活动的。③未完成年度工作任务的。加倍扣分指标为：①在镇（村）巡查中未发现，被考核单位在抽查或暗访中发现的不符合考核要求的。②检查考核中要求限期整改而未按期完成整改任务的。

考核指标包括健全工作机制和加强监督管理两类。健全工作机制指标包括：把饮用水水源保护工作纳入镇党委、政府中心工作，建立饮用水水源保护工作领导机构，明确工作职责和责任人；制订饮用水水源保护工作年度计划，并组织实施；建立饮用水水源日常巡查工作机制。加强监督管理指标包括：加强饮用水水源一级保护区的环境监管；加强饮用水水源保护生活污水治理；加强溪坑管理工作；加强畜禽养殖管理；加强公厕污染整治防治；加强墓葬管理；加强经济作物管理；加强土地和矿产资源的保护；严禁乱砍滥伐破坏林业资源，破坏山林植被；加强垃圾管理；加强管理，不向水库和溪坑排放各类污水。

（4）考核结果应用

考核起评分值为 100 分，采用倒扣分制度，发生否优情形的取消评优资格，且起评分为 89 分。最终考核得分在 90 分（含 90 分）以上的为优秀等次；得分在 80 分（含 80 分）以上、90 分（不含 90 分）以下的为良好等次；得分在 70 分（含 70 分）以上、80 分（不含 80 分）以下的为合格等次；得分在 70 分（不含 70 分）以下的为不合格。凡考核为合格以上等次的按照慈政办发〔2011〕251 号文件标准予以补偿，其中考核优秀的，按补偿标准上浮 10%补偿；考核良好的，按补偿标准补偿；考核合格的，按补偿标准的 70%补偿；考核不合格的不予补偿。补助资金下拨到各有关镇，由各有关镇组织考核，并根据考核结果下拨补助资金。

7.1.1.5 珠海市饮用水水源保护区扶持激励资金考核

珠海市建立了饮用水水源保护区扶持激励资金考核办法，保障资金使用效率。每年市海洋农业水务局牵头组织市财政局、人力资源社会保障局、环保局、市政林业局等相关部门，根据自身职能对水源保护区上一年度饮用水水源保护及扶持资金发放情况等相关工作进行跟踪监督，并进行考核评价。

考核指标主要包括扶持激励资金使用、城乡居民基本保险参保、河涌沟渠截污及城镇排水设施、水功能区水质监测、饮用水水源保护区管理与水源水质达标情况等方面，考核指标如表 7-1 所示。珠海市每年安排饮用水水源保护区扶持激励资金激励性部分 1 000 万元，根据考核结果计算出应拨付金额，计算公式如下：

饮用水水源保护区扶持激励资金激励性部分=1 000 万元×考核得分合计数/100

表 7-1　珠海市饮用水水源保护区扶持激励资金考核指标

序号	考核项目	考核部门	分值	备注
1	扶持激励资金使用情况	市财政局	20	扶持资金专款专用（是，得 10 分；否，一票否决，当年扶持资金激励性部分 500 万元全部取消），扶持资金规范管理 10 分（根据相关财政资金管理规定对扶持资金管理情况适当评分）
2	城乡居民基本养老保险参保率	市人力资源社会保障局	10	城乡居民基本养老保险参保率=城乡居民基本养老保险实际参保人数/应参保人数；100%得 10 分，100%>分值≥98%得 5 分，分值<98%得 0 分
3	城乡居民基本医疗保险参保率		10	城乡居民基本医疗保险参保率=城乡居民基本医疗保险实际参保人数/应参保人数；100%得 10 分，100%>分值≥98%得 5 分，分值<98%得 0 分
4	城乡居民基本养老保险和城乡居民基本医疗保险征缴率		10	征缴率=缴费人数/参保人数 100%得 10 分，100%>分值≥98%得 5 分，分值<98%得 0 分

序号	考核项目	考核部门	分值	备注
5	河涌沟渠截污纳管率	市市政林业局	5	得分=5×（区内已实施截污纳管的河涌数量（条）/区内河涌总数）
6	城镇排水设施运行达标率		5	得分=5×（镇村排水设施运行达标天数/年度天数）
7	开展水功能区水质监测（不少于7个河流断面）	市海洋农业水务局	5	得分=（水质达标个数/水质检测评价总个数）×100% 优秀（≥90%，得5分） 良好（≥80%，得4分） 合格（≥60%，得3分） 不合格（<60%，得0~2分）
8	斗门区饮用水水源地突发污染事件应急预案		5	已制定，得5分；未制定，不得分
9	集中式饮用水水源水质达标情况	市环保局	10	每一个集中式饮用水水源水质不达标的，扣2分
10	饮用水水源保护区规范化建设和管理情况		20	对饮用水水源保护区的标志牌、围网设置情况及有无排污口、有无与供水设施和保护水源无关的建设项目等管理情况进行综合评分，未达到要求的每项扣1分
总分			100	

7.1.2　其他要素生态补偿绩效考核主要做法

7.1.2.1　广东省生态保护补偿机制考核

2013 年，为完善广东省生态保护补偿机制，广东省财政厅印发《广东省生态保护补偿机制考核办法》。

（1）考核对象

《广东省主体功能区规划》确定的国家级、省级重点生态功能区县（市），以及国家级禁止开发区所在地级市和县（市）。

（2）考核指标

广东省财政厅会同省直有关部门建立生态保护考核指标体系，考核内容包括水资源、大气、林业、节能减排等方面。考核设置两级指标体系，具体指标、权重以及数据来源详见表 7-2，并可根据实际情况进行适当调整。

（3）考核方法

从横向和纵向两个角度进行比较考核。其中，横向考核主要比较同一年度内各考核对象的优劣情况，纵向考核主要比较年度之间同一考核对象的变化情况。横向考核和纵向考核分别占 50%比重，两者得分按权重加总后确定生态保护考核得分。

表 7-2　广东省生态保护补偿机制考核指标

一级指标	二级指标	指标权重	数据来源单位
水资源污染防治指标	集中式饮用水水源地水质达标率	10%	省环境保护厅
	地表水环境功能区水质达标率	5%	省环境保护厅
	跨行政区域河流交界断面水质达标率	5%	省环境保护厅
大气污染防治指标	环境空气质量优良天数比率	10%	省环境保护厅
	可吸入颗粒物（PM_{10}）/细颗粒物（$PM_{2.5}$）年均浓度	5%	省环境保护厅
林业生态指标	森林资源保护管理水平	10%	省林业厅
	森林覆盖率	5%	省林业厅
	森林蓄积量	5%	省林业厅
	重点林业生态工程建设和森林抚育任务完成率	5%	省林业厅
节能减排指标	万元 GDP 主要污染物排放强度	10%	省环境保护厅
	万元 GDP 能耗	5%	省经济和信息化委
	重点重金属污染物排放量	5%	省环境保护厅
其他指标	耕地土壤质量调查点位达标率	5%	省农业厅
	建成区绿地率	5%	省住房城乡建设厅
	污水处理率	5%	省住房城乡建设厅
	生活垃圾无害化处理率	5%	省住房城乡建设厅

（4）考核结果应用

考核结果将作为安排生态保护补偿资金的主要依据，用于分配激励性补偿部分资金。

（5）考核组织和实施

①省财政厅主要负责考核工作的组织和协调，建立健全生态保护考核指标体系，运用客观的指标数据、按照严格的公式进行统计测算，开展对考核对象的评价工作，并按规定应用考核结果。

②省环境保护厅、省农业厅、省林业厅、省住房城乡建设厅、省经济和信息化委等省直有关部门主要负责研究提出选择生态保护考核指标的意见，组织收集各年度指标数据，经审核确认后提供给省财政厅汇总。

③各地级以上市人民政府负责指导和监督所辖县（市）接受考核，并按要求开展总结和整改等有关工作。

7.1.2.2　上海市基本农田生态补偿工作考核

2013 年上海市农业委员会印发《上海市基本农田生态补偿工作考核办法》，2018 年，对其重新进行了修订。上海市基本农田生态补偿工作考核的内容主要是基本农田生态保护和建设工作开展情况与工作目标完成情况，包括工作措施、资金使用和保护成效等三个方面。

①工作措施主要考核区工作方案制定及报送情况、区对乡镇工作考核检查机制执行情

况、区考核报告编制情况等工作。

②资金使用主要考核区年度资金分配方案制定情况、区年度资金使用报告报送情况、区年度基本农田生态补偿资金执行率情况、区年度基本农田生态补偿资金使用效果后评估机制建立情况等工作。

③保护成效主要考核区耕地质量监测体系建设情况、区耕地环境污染监测和评价体系建设情况、区耕地地力与环境质量报告报送情况、区耕地环境污染监测报告报送情况、区主要农作物生产能力情况、区年度推广使用商品有机肥计划完成情况、区年度化肥与农药减量目标完成情况、区年度菜田土壤改良计划完成情况、区年度农药包装废弃物回收情况、区耕地土壤有机质含量提升情况等工作。

市农委负责组织实施基本农田生态补偿考核工作，会同相关部门明确考核内容、指标和分值。每年 2 月底前，相关区完成上年度基本农田生态补偿工作自查，并将相关材料报市农委；3—4 月，市农委对相关区上年度工作进行考核；4 月底前完成对相关区的考核评分。

考核采用百分制评分法。市农委根据考核分数确定各区基本农田生态补偿资金分配公式中工作考核等级分值。考核分数（以上包括本数，以下不包括本数）得分在 90 分以上，工作考核等级分值为 1；得分在 80 分以上 90 分以下，工作考核等级分值为 0.8；得分在 80 分以下，工作考核等级分值为 0.6（表 7-3）。

表 7-3　上海市基本农田生态补偿工作考核评分表

考核内容	考核指标			考核分值	评分标准
	一级指标	二级指标	三级指标		
工作措施情况（20 分）	产出指标	时效指标	区工作方案制定及报送情况	5	制定方案，得 3 分；在规定时间前将方案报送市农委，得 2 分
	产出指标	质量指标	区对乡镇工作考核检查机制执行情况	10	制定考核方案，得 5 分；及时开展考核工作，得 5 分
	产出指标	时效指标	区考核报告编制情况	5	形成考核检查报告，得 3 分；在规定时间前将方案报送市农委，得 2 分
资金使用情况（30 分）	产出指标	时效指标	区年度资金分配方案制定情况	8	制定资金分配方案，得 5 分；在规定时间前将方案报送区政府，得 3 分
	产出指标	时效指标	区年度资金使用报告报送情况	6	形成资金使用报告，得 4 分；在规定时间前将报告报送市农委，得 2 分
	产出指标	时效指标	区年度基本农田生态补偿资金执行率	6	资金执行率达到 90%，得 6 分；达到 80%，得 4 分；达到 70%，得 2 分

考核内容	考核指标			考核分值	评分标准
	一级指标	二级指标	三级指标		
资金使用情况（30分）	效益指标	社会效益指标	区生态补偿资金使用效果后评估机制建立情况	10	实施后评估工作，得5分； 形成后评估报告，得5分
保护成效情况（50分）	效益指标	生态效益指标	区耕地质量监测体系建设情况	4	完成监测点建设数量，得4分； 每缺少1个监测点，扣1分，扣完为止
	效益指标	生态效益指标	区耕地环境污染监测和评价体系建设情况	4	完成监测点建设数量，得4分； 每缺少1个监测点，扣1分，扣完为止
	产出指标	时效指标	区耕地地力与环境质量报告报送情况	5	形成监测报告，得3分； 在规定时间前将报告报送区政府，得2分
	产出指标	时效指标	区耕地环境污染监测报告报送情况	5	形成监测报告，得3分； 在规定时间前将报告报送区政府，得2分
	产出指标	质量指标	区主要农作物生产能力情况	4	在划定的粮食生产功能区、蔬菜生产保护区面积范围内保持主要农作物生产稳定的，得4分；种植品种发生改变，面积在2%以下的，得2分；种植品种发生改变，面积在2%以上的，不得分
	产出指标	数量指标	区年度推广使用商品有机肥计划完成情况	5	年度计划完成率达到100%，得5分； 达到90%，得3分；达到80%，得1分
	产出指标	数量指标	区年度化肥与农药减量目标完成情况	5	年度计划完成率达到100%，得5分； 达到90%，得3分；达到80%，得1分
	产出指标	数量指标	区年度菜田土壤改良计划完成情况	5	年度计划完成率达到100%，得5分； 达到90%，得3分；达到80%，得1分
	产出指标	数量指标	区年度农药包装废弃物回收情况	5	年度回收率达到100%，得5分；达到95%，得3分；达到90%，得1分；90%以下，不得分
	效益指标	可持续影响指标	区耕地土壤有机质含量提升情况	8	区耕地土壤有机质平均含量水平有提升，得8分； 保持原有含量平均水平，得5分； 有机质含量水平下降，不得分

7.1.2.3 上海市公益林生态补偿转移支付考核

◆ 考核范围及内容

考核范围为本市行政区域内纳入生态补偿转移支付范围的公益林。考核内容分为公益林面积、管护质量和工作考核。

◆　考核形式及时间

考核采用日常考核和年终考核、区级自查和市级抽查相结合的办法进行。市林业局组建考核小组，以查验资料和现场踏勘相结合的形式进行抽样考核，在每年 12 月底前完成全市公益林生态补偿考核工作。

◆　考核标准

（1）纳入生态补偿的公益林面积

各区县的公益林面积=（上年末面积−当年批准减少的面积+当年新增面积）×核实率

（2）公益林管护质量

考核指标包括林相结构、林木生长、有害生物防控和基础设施及环境。认定全区（县）三个等级养护公益林比率和面积。

（3）生态补偿工作考核

考核内容和分数为森林防火 15 分、有害生物防控 15 分、林地征占用管理 15 分、林业养护队伍建设 10 分、林地管护 45 分。工作考核采用百分制，根据工作考核得分确定考核等级，再根据考核等级确定生态补偿资金分配公式中"工作考核等级"项的赋值。

7.1.2.4　江西省流域生态补偿水环境质量考核

2016 年，江西省发展改革委、财政厅、环保厅、林业厅和水利厅共同制定了《江西省流域生态补偿配套考核办法》，江西省流域生态补偿配套考核主要包括水环境治理考核、森林生态质量考核和水资源管理和综合治理考核三方面考核内容，分别制定了《江西省流域生态补偿水环境质量考核办法》《江西省流域生态补偿森林生态质量考核办法》《江西省流域生态补偿水资源管理和水综合治理考核办法》，用于指导具体的考核工作。

江西省流域生态补偿水环境质量考核由江西省环保厅组织开展，其考核内容包括河流跨界断面水环境质量（40 分）、地表水国控和省控监测断面水环境质量（25 分）、集中式饮用水水源地保护区水环境质量（15 分）、生态空间保护红线区划和保护情况（40 分）。

江西省流域生态补偿森林生态质量考核由江西省林业厅组织开展，考核内容主要包括森林覆盖率（30 分）、森林蓄积量（30 分）、乔木林单位面积蓄积（20 分）、营造林成效（20 分）等指标，反映当地森林生态质量。

江西省流域生态补偿水资源管理和水综合治理考核由江西省水利厅组织开展，重点考核各县（市、区）用水总量控制、"河长制"推进及重点任务完成情况。考核划分为 7 项指标，共 200 分，其中用水总量控制 100 分、河长制推进执行情况 25 分、水利厅重点任务完成情况 15 分、工业园区污染治理情况 15 分、生活污水治理情况 15 分、生活垃圾治理情况 15 分、农业面源污染治理情况 15 分。

省环保厅、林业厅和水利厅于每年第一季度分别将上年度水环境质量核定数据及依据、上年度全省各地森林生态质量核定数据及依据和上年度全省各地水资源管理和水综合治理核定数据及依据报送省生态文明办、省财政厅，由省财政厅根据《江西省人民政府关于印发江西省流域生态补偿办法（试行）的通知》（赣府发〔2015〕53 号）会同省生态文明办核定分配各县（市、区）生态补偿资金。

7.1.3　经验借鉴

前述 5 个饮用水水源地及 4 个其他要素生态补偿绩效考核对象、考核指标设置及考核结果应用等的做法整理见表 7-4。前述地区生态补偿绩效考核形式的做法，包括考核组织单位、考核方式和考核周期等内容，整理见表 7-5。通过整理各地区的做法，可以得到以下几点经验。

表 7-4　生态补偿绩效考核指标及考核结果应用一览表

补偿内容	考核对象	考核指标	考核结果应用
苏州市水源地村生态补偿	市本级县级以上集中式饮用水水源地保护区范围内接受生态补偿的村及所在地的镇	（1）相关法律、法规执行情况。（2）巡查情况。（3）污染源控制情况。（4）加快基础设施建设。（5）入湖河道管理情况。（6）蓝藻防控情况。（7）村庄垃圾收集情况	如在水源保护区内引进污染项目或新增污染源，将取消补偿资格并予以整改；如未能履行职责，未按计划完成农村生活污水治理任务或者多次发生船只乱停乱放、多次出现河水倒流等现象，并未按要求完成整改的，整改期内暂缓拨付补偿金，整改期满后仍未整改到位的，减半拨付
温州市市级饮用水水源地保护专项补偿	涉及珊溪水库、泽雅水库、瓯江山根水源的瑞安市、文成县、泰顺县、瓯海区、鹿城区、永嘉县政府	（1）珊溪（赵山渡）水库和泽雅水库实行多因子考核。①水源地入库支流水质，权重 45%；②水源地保护日常管理，权重25%；③水源地环保基础设施运行管理，权重25%；④水源地库周森林资源保护，权重 5%（2）瓯江山根水源实行单因子考核，仅考核水源地保护区域内水质达标情况	考核分值在 90 分及以上，当年全额获得按因素法分配的饮用水水源地保护专项补偿资金；考核分值在 90 分以下，按 90 减得分后的分值，每一分值扣罚当年按因素法分配的饮用水水源地保护专项补偿资金 1%。资金下达后，市环保局将考核和资金分配结果信息公开发布
温州市平阳县五十丈饮用水水源地生态补偿	在生态补偿乡镇设置水质监测站位	高锰酸盐指数、氨氮、总磷 3 个指标，是否较大环境污染和生态破坏责任事故	年度水质监测均值达标的，给予全额生态补偿资金。排除入境断面水质影响，乡镇年度水质监测均值不达标的，若是首次不达标，给予全额补偿金的 50%；若连续年度不达标，以补偿资金的 50% 为基数，水质较上年提升的，每个提升指标给予增加全额补偿资金 10%；水质较上年恶化的，每个恶化指标扣罚补偿资金 10%。辖区内发生较大环境污染和生态破坏责任事故的，取消当年所有生态补偿资金

补偿内容	考核对象	考核指标	考核结果应用
慈溪市饮用水水源保护补偿	考核以水库所在镇为对象、以水库一级保护区及引水集雨区为范围，同一镇涉及多个水库的实行一库一考	慈溪市饮用水水源地生态补偿绩效考核的内容共分奖惩指标和考核指标两大部分：（1）奖惩指标包括酌情加分指标、一票否决指标、取消优秀等级评定指标和加倍扣分指标四类；（2）考核指标包括健全工作机制和加强监督管理两类：①健全工作机制指标包括：建立饮用水水源保护工作领导机构；制订实施饮用水水源保护工作年度计划；建立日常巡查工作机制。②加强监督管理指标包括：加强饮用水水源一级保护区环境监管；加强饮用水水源保护区生活污水治理；加强溪坑管理；加强畜禽养殖管理；加强公厕污染整治防治；加强墓葬管理；加强经济作物管理；加强土地和矿产资源保护；严禁破坏山林植被；加强垃圾管理；不向水库和溪坑排放各类污水	考核优秀的，按补偿标准上浮10%补偿；考核良好的，按补偿标准补偿；考核合格的，按补偿标准的70%补偿；考核不合格的不予补偿
珠海市饮用水水源保护区扶持激励	斗门区人民政府	考核指标主要包括扶持激励资金使用情况、城乡居民基本养老保险参保率、城乡居民基本医疗保险参保率、城乡居民基本养老保险和城乡居民基本医疗保险征缴率、河涌沟渠截污纳管率、城镇排水设施运行达标率、开展水功能区水质监测、制定斗门区饮用水水源地突发污染事件应急预案、集中式饮用水水源水质达标情况、饮用水水源保护区规范化建设和管理情况	每年安排饮用水水源保护区扶持激励资金激励性部分1 000万元，根据考核结果计算出应拨付金额。饮用水水源保护区扶持激励资金激励性部分=1 000万元×考核得分合计数/100
广东省生态保护补偿	国家级、省级重点生态功能区县（市），以及国家级禁止开发区所在地级市和县（市）	水资源污染防治指标，大气污染防治指标，林业生态指标，节能减排指标，其他指标	考核结果将作为安排生态保护补偿资金的主要依据，用于分配激励性补偿部分资金
上海市基本农田生态补偿	相关区县政府	基本农田生态保护和建设工作开展情况与工作目标完成情况，包括工作措施、资金使用和保护成效等三个方面	考核分数决定生态补偿资金分配公式中"工作考核等级分值"
上海市公益林生态补偿	本市行政区域内纳入生态补偿转移支付范围的公益林	（1）纳入生态补偿的公益林面积；（2）公益林管护质量，包括林相结构、林木生长和有害生物防控；（3）生态补偿工作考核，包括森林防火、有害生物防控、林地征占用管理、林业养护队伍建设、林地管护	根据工作考核得分确定考核等级，再根据考核等级确定生态补偿资金分配公式中"工作考核等级"项的赋值

补偿内容	考核对象	考核指标	考核结果应用
江西省流域生态补偿	适用于江西省境内流域生态补偿	（1）水环境质量考核，包括河流跨界断面水环境质量、地表水国控和省控监测断面水环境质量、集中式饮用水水源地保护区水环境质量、生态空间保护红线区划和保护情况；（2）森林生态质量考核，包括森林覆盖率、森林蓄积量、乔木林单位面积蓄积、营造林成效；（3）水资源管理和水综合治理考核，用水总量控制、河长制推进执行情况、水利厅重点任务完成情况、工业园区污染治理情况、生活污水治理情况、生活垃圾治理情况、农业面源污染治理情况	根据考核结果核定分配各县（市、区）生态补偿资金

表 7-5　生态补偿绩效考核形式一览表

补偿内容	考核对象	考核单位	考核方式	考核周期
苏州市水源地村生态补偿	接受生态补偿的村及所在地的镇	市财政局、水利局	考核采取定期考核、日常检查和随机抽查相结合的方式	年度考核；每年的第四季度进行考核
温州市市级饮用水水源地保护专项补偿	水库所在县政府	（1）市财政局、市环保局、市水利局（市珊溪水利枢纽管理局）、市审计局定期对专项资金的使用情况进行绩效考评和审计；（2）市环保局会同市水利局（市珊管办）、市综合行政执法局、市林业局、市委农办（市农业局）分头负责组织开展水源地保护考核打分	—	年度考核，时间范围为上年12月至本年11月
温州市平阳县五十丈饮用水水源地生态补偿	接受补偿的乡镇	县环保局负责水质考核，县财政局和县美丽平阳办对生态补偿专项资金的使用情况实行跟踪问效反馈，并进行绩效考评。县审计部门对生态补偿专项资金的使用情况进行审计监督	—	年度考核
慈溪市饮用水水源保护补偿	水库一级保护区及引水集雨区相关镇	市生态办牵头全市饮用水水源保护区生态环境保护考核工作，市环保局、国土资源局、水利局、农业局、卫生局、民政局等单位为考核组成单位	平时检查以现场检查为主，辅以查阅档案资料；年终考核采用现场检查和台账资料查阅的方式进行	平时检查考核每季度一次，年终考核每年11月举行
珠海市饮用水水源保护区扶持激励	斗门区人民政府	市海洋农业水务局牵头组织市财政局、人力资源社会保障局、环保局、市政林业局		年度考核

补偿内容	考核对象	考核单位	考核方式	考核周期
广东省生态保护补偿	国家级、省级重点生态功能区县（市），以及国家级禁止开发区所在地级市和县（市）	（1）省财政厅主要负责考核工作的组织和协调，建立健全生态保护考核指标体系，运用客观的指标数据，按照严格的公式进行统计测算，开展对考核对象的评价工作，并按规定应用考核结果；（2）省环境保护厅、省农业厅、省林业厅、省住房城乡建设厅、省经济和信息化委等省直有关部门主要负责研究提出选择生态保护考核指标的意见，组织收集各年度指标数据，经审核确认后提供省财政厅汇总；（3）各地级以上市人民政府负责指导和监督所辖县（市）接受考核，并按要求开展总结和整改等有关工作	从横向和纵向两个角度进行比较考核。其中，横向考核主要比较同一年度内各考核对象的优劣情况，纵向考核主要比较年度之间同一考核对象的变动情况	年度考核
上海市基本农田生态补偿	相关区县政府	市农委牵头组建考核工作小组		年度考核；每年2月底前，相关区完成上年度基本农田生态补偿工作自查，并将相关材料报市农委；3—4月，市农委对相关区上年度工作进行考核；4月底前完成对相关区的考核评分
上海市公益林生态补偿	本市行政区域内纳入生态补偿转移支付范围的公益林	市林业局组建考核小组，以查验资料和现场踏勘相结合的方式进行抽样考核	考核采用日常考核和年终考核、区级自查和市级抽查相结合的方法进行	年度考核；每年12月底前完成全市公益林生态补偿考核工作
江西省流域生态补偿	江西省境内流域生态补偿	水环境质量考核由江西省环保厅组织开展，流域生态补偿森林生态质量考核由江西省林业厅组织开展，水资源管理和水综合治理考核由江西省水利厅组织开展		年度考核；每年第一季度报送上年度核定数据

7.1.3.1 明确考核要点

总结对比各地区饮用水水源地生态补偿绩效考核内容与考核指标设置情况，可以得出，生态补偿绩效考核的要点主要包括两部分：生态环境要素管理责任的落实情况，以及生态补偿资金的管理与使用情况。

生态环境要素管理责任的落实情况主要考核各地水源地保护工作任务量及工作成效，考核指标主要包括以下几类：

①饮用水水源水质达标情况与变化情况，水源地入库支流水质达标情况；

②水源地周边森林资源保护情况，包括公益林保有量和优质林分建设面积、公益林变更调整合理规范、公益林管理机构健全等；

③集中式饮用水水源地环境规范化建设与管理情况，包括饮用水水源保护区建设、保护区整治、监控能力、风险防控与应急能力、管理措施等方面情况；

④水源地环保基础设施运维情况，包括城镇污水处理厂、农村生活污水治理设施、生活垃圾治理设施等运维情况；

⑤污染源控制情况，包括点源污染控制、农村面源污染治理、畜禽养殖管理情况等。

生态补偿资金的管理与使用情况考核指标主要包括：

①考核补偿资金是否专款专用。

②考核补偿资金使用管理情况，包括制定生态补偿资金年度使用方案，建立补偿资金使用的审计、监督制度；编写年度资金使用情况报告；要求资金使用情况清晰，且符合规定范围。

7.1.3.2 明确考核工作职责分工

各地考核单位组织与职责分工略有不同，基本都包含财政部门、环保部门、水务部门、林业部门、农业部门等。财政部门主要负责考核工作的组织和协调，建立健全生态保护考核指标体系，运用客观的指标数据、按照严格的公式进行统计测算，开展对考核对象的评价工作，并按规定应用考核结果，还负责对生态补偿资金使用和管理情况进行考核。环保部门主要负责饮用水水源监测及水质达标状况的核定，环保基础设施运维情况考核，水源地环境管理状况评估。水务部门主要负责水源地取水量的核定，相关职能基础设施运维情况和日常管理情况考核。林业部门负责水源地周边森林资源保护情况指标考核和相关职能的日常管理情况考核。农业部门负责饮用水水源保护区内畜禽养殖情况的认定、经济作物科学施肥和农药减控工作情况的认定。相关镇区人民政府是责任主体，对本行政区域水源保护工作负责。

7.1.3.3 明确考核对象与范围

各地生态补偿绩效考核一般以水源地所在的县、镇为对象，以水源地一级、二级保护区为范围。其中，苏州市水源地村生态补偿还以集中式饮用水水源地保护区范围内接受生态补偿的村为考核对象。

7.1.3.4 明确考核结果应用

各地都会根据生态补偿绩效考核结果来核定分配考核对象可获得的生态补偿资金，或者激励性补偿部分资金。具体分配方式各有特点。

苏州市和慈溪市设置了一票否决指标，苏州市水源地村如在水源保护区内引进污染项目或新增污染源，将取消补偿资格并予以整改。慈溪市有以下情形之一的，当年度考核为不合格，不予补偿：①当年度饮用水水源水质达不到Ⅲ类的。②因"属地管理"原因发生影响饮用水水源安全的突发污染事件导致取水中断的。③在饮用水水源一级保护区及引水集雨区内，擅自改变林地用途、破坏森林资源，构成犯罪并追究刑事责任的。④未实行一湖一策精细化管理的。⑤违规使用生态补偿款的。

　　各地根据考核结果，按照不同的计算方法来分配补偿资金。如慈溪市按考核等级分配补偿资金：考核优秀的，按补偿标准上浮 10%补偿；考核良好的，按补偿标准补偿；考核合格的，按补偿标准的 70%补偿；考核不合格的不予补偿。珠海市根据考核分数，使用公式"饮用水水源保护区扶持激励资金激励性部分=1 000 万元×考核得分合计数/100"来分配激励性部分扶持资金。温州市考核分值在 90 分及以上，当年全额获得按因素法分配的饮用水水源地保护专项补偿资金；考核分值在 90 分以下，按 90 分减得分后的分值，每一分值扣罚当年按因素法分配的饮用水水源地保护专项补偿资金的 1%。

7.2　现有饮用水水源地管理考核要求

7.2.1　广东省环境保护责任考核要求

　　广东省环境保护责任考核指标体系中集中式饮用水水源地水质达标率计分权重为 6 分，考核内容包括指标定量考核和工作定性考核，其中城市市区集中式饮用水水源地水质达标率计 4 分，各县城集中式饮用水水源地水质达标率计 2 分；对于不设县城的城市，只统计该城市市区集中式饮用水水源地水质达标率。集中式饮用水水源地水质达标率的计算公式如下：

$$集中式饮用水水源地水质达标率=\frac{各饮用水水源地达标取水量之和（万t）}{各饮用水水源地取水总量之和（万t）}×100\%$$

工作定性考核的规定如下：

①2013 年 1 月 1 日起，未完成城市市区及县城集中式饮用水水源保护区划定工作并上报省级人民政府的，扣 0.2 分。

②2014 年 1 月 1 日起，未完成乡镇集中式饮用水水源区划定工作并上报省级人民政府的，扣 0.2 分。

③饮用水水源地（含备用水源地）未按要求每月开展一次监测分析的，每发现一处扣0.1 分，累计不超过 0.5 分。

④城市市区在用水源地未按要求组织开展每年至少一次水质全分析工作，并将检出项纳入常规监测的，每发现一处扣 0.1 分，累计不超过 0.5 分。

⑤未具备与城市市区集中式饮用水需求量相匹配（原取水量的 30%或以上）的备用集

中式饮用水水源地，扣 0.2 分。

⑥饮用水水源保护区内禁止设置排污口，每发现一处扣 0.1 分，累计不超过 0.5 分。

⑦饮用水水源保护区内存在违法违章畜禽养殖或其他违法违章建设项目的，每发现一处扣 0.1 分，累计不超过 0.5 分。

数据来源于各级环境保护主管部门，广东省每年会对全省环境保护责任考核结果进行通报。

7.2.2 全国集中式饮用水水源环境状况评估和基础信息调查

为全面掌握全国地级以上城市饮用水水源基本状况、加强环境监管、保障水源安全，生态环境部从 2011 年开始建立了年度评估机制，要求按照《集中式饮用水水源地环境保护状况评估技术规范》（HJ 774—2015）有关规定，开展地级及以上城市和县级城市水源评估，在此基础上，进一步开展乡镇及以下集中式饮用水水源基础信息调查工作。评估内容包括集中式饮用水水源的取水量保证状况，水源达标状况，保护区建设、保护区整治、监控能力、风险防控与应急能力、管理措施等环境管理状况，分析水质、环境管理方面现存问题与成因，并提出对策与建议。集中式饮用水水源地环境状况评估指标体系及权重如表 7-6 所示。

表 7-6　集中式饮用水水源地环境状况评估指标体系及权重

目标层	系统层	权重	指标层（INDEX）	分权重（W_i）
集中式饮用水水源地环境保护状况评估指标体系（SWES）	取水量保证状况（WG）	0.1	取水量保证率（WGR）	1
	水源达标状况（SQ）	0.6	水量达标率（WSR）	0.7
			水源达标率（WQR）	0.3
	环境管理状况（MS）	0.3	保护区划分（PD）	0.1
			保护区标志设置（PS）	0.05
			一级保护区隔离防护（PF1）	0.1
			一级保护区整治（PCR1）	0.1
			二级保护区整治（PCR2）	0.1
			准保护区整治（PCQR）	0.05
			监控能力（WM）	0.1
			风险防控（RMR）	0.15
			应急能力（EME）	0.15
			管理措施（MSR）	0.1

单个水源或行政区域内水源地环境保护状况综合评估得分用 SWES 表示。SWES 由取水量保证状况（WG）、水源达标状况（SQ）和环境管理状况（MS）的单项得分加权计算后得到。计算公式如下：

$$SWES=WG×0.1+SQ×0.6+MS×0.3$$

7.2.3　小结

无论是省环保责任考核还是全国集中式饮用水水源环境状况评估和基础信息调查，由于其工作的要求，在考核对象、考核内容等方面均与饮用水水源地生态补偿绩效考核存在差异。

第一，对于中山市来说，省环保责任考核仅考核城市市区集中式饮用水水源水质达标率，全国集中式饮用水水源环境状况评估和基础信息调查仅包括全禄水厂和大丰水厂两个市级集中式饮用水水源地，未覆盖中山市其他纳入饮用水水源地生态补偿的饮用水水源地。

第二，省环保责任考核仅考核城市市区集中式饮用水水源水质达标率，也就是说只考核水源水质达标情况，而全国集中式饮用水水源环境状况评估和基础信息调查除了水源达标状况外，还调查取水量保证状况和管理状况，但均未涉及生态补偿资金的使用情况。

第三，上述两个水源保护区考核（调查）的被考核对象均为中山市，因此在考核内容上强调整体水源管理落实及其效果。而在饮用水水源地生态补偿绩效考核机制的设计中，应首先明确考核的实施者是中山市，考核的对象是获得饮用水水源地生态补偿的客体，即饮用水水源地所在镇区，同时也是饮用水水源地"属地管理"的实施者。

综上，在进行中山市饮用水水源地生态补偿绩效考核机制时，在选择水源水质保护目标、饮用水水源地管理指标时，可优先参考选用上述两个考核（调查）的指标，加强考核指标体系的公信力和认同度，但应考虑镇区饮用水水源地的"属地管理"内容，进行考核内容的设计。

7.3　考核机制研究

7.3.1　考核对象与范围

考核以获得饮用水水源地生态补偿资金的镇区为对象，以镇区内饮用水水源保护区为考核范围。

7.3.2　考核目标

中山市饮用水水源地生态补偿绩效考核机制建立与实施的目的在于客观评价镇区水

源保护"属地管理"责任的落实和饮用水水源地生态补偿资金管理与使用，及时纠正存在的问题，确保饮用水水源地生态补偿政策获得良好的效果。围绕此目标，进行饮用水水源地生态补偿绩效考核目标与指标的选择与设定。

7.3.2.1 绩效目标设定要求

绩效目标是绩效评价的对象计划在一定期限内达到的效果。绩效目标应当包括以下主要内容：

①预期效果，包括社会效益、环境效益和可持续影响等；

②服务对象或项目受益人满意程度；

③衡量预期效果和服务对象满意程度的绩效指标。

绩效目标应当符合以下要求：

①指向明确。绩效目标要符合国民经济和社会发展规划、部门职能及事业发展规划，并与相应的财政支出范围、方向、效果紧密相关。

②具体细化。绩效目标应当从数量、质量、成本和时效等方面进行细化，尽量进行定量表述，不能以量化形式表述的，可以采用定性的分级分档形式表述。

③合理可行。制定绩效目标时要经过调查研究和科学论证，目标要符合客观实际。

7.3.2.2 考核目标设定

中山市饮用水水源地生态补偿政策主要包括以下四大核心绩效目标：一是饮用水水源地生态补偿资金合规使用，主要体现在饮用水水源地生态补偿资金使用范围、对象和程序的合理性。二是生态补偿促进水源水质保护，主要体现在水源水质达标和改善。三是生态补偿促进饮用水水源地所在镇区政府水源保护"属地管理"的落实，主要包括饮用水水源地的"属地管理"和相关村庄（社区）的环境污染治理等。四是生态补偿促进饮用水水源地内及周围居民保护水源与改善生活之间矛盾的减缓，主要包括饮用水水源地内及其周围居民对水源保护的认同度和公众对水源保护的满意度。

将绩效目标简要分为社会效益、环境效益和服务对象满意度三类指标，详见表7-7。

表 7-7　饮用水水源地生态补偿资金绩效目标

一级指标	二级指标	三级指标	指标解释
项目绩效	社会效益	提高居民的节水意识和饮用水水源保护意识	通过问卷调查，了解周边居民的节水意识和饮用水水源保护意识
		平衡水源地周边各方利益，没有因水源地保护限制出现集体上访事件	保护区周边和谐，没有因水源地保护限制出现集体上访事件
	环境效益	保证饮用水水源取水量	保证行政区内饮用水水源取水量[1]
		饮用水水源水质达标	水源达标状况评估结果为优秀[1]

一级指标	二级指标	三级指标	指标解释
项目绩效	环境效益	落实"属地管理"责任	饮用水水源地环境管理规范化	规范化饮用水水源地建设、保护区整治、监控能力、风险防控与应急能力和管理措施[1]
		加强饮用水水源地周边环保基础设施运维	城镇污水处理厂、农村生活污水治理设施、生活垃圾治理设施等运维情况正常；饮用水水源地周围村/社区垃圾得到收集，无垃圾入河/库现象
		完成饮用水水源地周边污染综合治理任务	饮用水水源地内及周围农业面源污染综合治理；饮用水水源地周围河道整治
	服务对象满意度	居民满意度	通过走访和问卷调查，了解饮用水水源地周边居民对生态补偿工作的满意程度

注：1　按照《集中式饮用水水源地环境保护状况评估技术规范》（HJ 774—2015）有关规定开展集中式饮用水水源地评估。

7.3.3　考核指标体系构建

7.3.3.1　指标体系构建的原则

绩效评价指标是指衡量绩效目标实现程度的考核工具。绩效评价指标的确定应当遵循以下原则：

①相关性原则。应当与绩效目标有直接的联系，能够恰当反映目标的实现程度。

②重要性原则。应当优先使用最具评价对象代表性、最能反映评价要求的核心指标。

③可比性原则。对同类评价对象要设定共性的绩效评价指标，以便于评价结果可以相互比较。

④系统性原则。应当将定量指标与定性指标相结合，系统反映补偿资金所产生的社会效益和环境效益等。

⑤经济性原则。应当通俗易懂、简便易行，数据的获得应当考虑现实条件和可操作性，符合成本效益原则。

⑥补偿资金使用效率与保护效果并重原则。应当尽可能提高生态补偿资金的使用效率，并同时确保饮用水水源保护效果。

7.3.3.2　指标体系构建

饮用水水源地生态补偿绩效考核指标包括政策实施过程指标和政策实施效果指标两类，前者主要反映镇区饮用水水源地"属地管理"责任落实、生态补偿资金使用与管理过程合规合法性；后者主要反映饮用水水源地生态补偿资金绩效目标的实现程度。指标体系设置详见表 7-8。

表 7-8　饮用水水源地生态补偿绩效考核指标体系

一级指标		二级指标		三级指标				自评得分	考核得分
名称	分值	名称	分值	名称	分值	内容	评价标准		
实施过程	70	资金管理	25	资金使用	15	补偿资金是否专款专用、符合使用范围规定；是否严格按照相关的支出标准或有关规定开支，不得超标准、超范围开支	专款专用、符合使用范围规定（10分）		
							严格按照相关的支出标准或有关规定开支（5分）		
				财务管理	10	是否健全报账手续，严格报账程序，规范财务审批，杜绝挤占、挪用、套取专项资金；按照有关规定对财政专项资金进行会计核算，并按规定编制财务报表	报账手续健全，严格报账程序，无挤占、挪用、套取补偿资金（6分）		
							会计核算规范（4分）		
		组织实施	5	组织实施	5	生态补偿组织分工是否明确、合理	分工明确、合理（5分）		
		"属地管理"责任落实	40	饮用水水源地环境管理	15	饮用水水源地管理状况	水源保护区标志与物理隔离设施维护良好（5分）		
							水源应急能力建设完善（5分）		
							落实镇区内集中式饮用水水源地环境保护巡查制度（5分，每季度至少全面巡查一次及以上的，得5分）		
				环保基础设施	15	加强饮用水水源地内及周围环保基础设施运维	饮用水水源地内生活污水管网统一收集（5分）		
							饮用水水源地周围村/社区垃圾收集率（达到100%，得5分，每降低1个百分点扣0.5分，扣完为止）		
							无垃圾入河/库现象得5分；存在垃圾入河现象的，每处扣1分；不处理的，扣2分，扣完为止		
				污染综合治理	10	完成饮用水水源地周边污染综合治理任务	饮用水水源地内及周围农业面源污染控制与综合治理（5分）		
							完成市下达的饮用水水源地相关河道整治任务（5分，未100%完成任务的，按已完成的任务比例核算得分）		

一级指标		二级指标		三级指标				自评得分	考核得分
名称	分值	名称	分值	名称	分值	内容	评价标准		
实施效果	30	生态补偿效果	30	社会效益	10	平衡水源地周边各方利益，没有因水源地保护限制出现集体上访事件	保护区周边和谐，没有因水源地保护限制出现集体上访事件（10分），否则0分		
				环境效益	10	饮用水水源水质达标	年度水源水质达标（10分，否则0分）		
				服务对象满意度	10	居民满意度	10分，饮用水水源地"属地管理"不善出现投诉的，照投诉1次扣1分，扣完为止		
总分	100		100		100				

注: 1. 相关规定和办法应该根据实际情况给出明确的文件名称。

2. 按照《集中式饮用水水源地环境保护状况评估技术规范》（HJ 774—2015）有关规定开展集中式饮用水水源地评估。

3. 镇区内存在多个饮用水水源地的，单项考核得分取各个饮用水水源地考核得分的平均分。

　　实施过程指标占70%权重，包括资金管理、组织实施和"属地管理"责任落实三项指标，分别占 25%、5% 和 40%。其中，资金管理重点考察两个方面，其一为资金使用（占 15%），即生态补偿资金是否专款专用、符合使用范围规定；其二为财务管理（占 10%），即是否严格按照相关的支出标准或有关规定开支，不得超标准、超范围开支。组织实施重点考察生态补偿组织分工是否明确、合理。"属地管理"责任落实重点考察饮用水水源地环境管理（占 15%）、饮用水水源地内及周围环保基础设施运维（占 15%）和饮用水水源地相关污染综合治理（占 10%）。

　　实施效果指标占30%权重。包括社会效益、环境效益和服务对象满意度三个生态补偿绩效目标，分别占 10%、10% 和 10%。其中，社会效益重点考察生态补偿政策的实施是否平衡水源地周边各方利益，并以因水源地保护限制而出现集体上访事件为直接衡量标准。环境效益重点考察年度水源水质达标情况，如果不达标，则零分。服务对象满意度重点考察饮用水水源周边居民对生态补偿工作的满意程度，并以饮用水水源地"属地管理"不善出现投诉为衡量标准。

　　考核满分为 100 分，最终考核得分在 90 分（含 90 分）以上的为优秀等次；得分在 80分（含 80 分）以上、90 分（不含 90 分）以下的为良好等次；得分在 60 分（含 60 分）以上、80 分（不含 80 分）以下的为合格等次；得分在 60 分（不含 60 分）以下的为不合格。

7.3.4　饮用水水源地生态补偿绩效考核机制实施研究

7.3.4.1　考核周期

　　中山市饮用水水源地生态补偿绩效考核配合生态补偿工作需求，考核周期为每年一次，考虑全市生态补偿资金筹集与分配方案核算工作安排，建议在 3 月底前完成考核工作。

7.3.4.2　考核方式

可考虑采取两种考核方式：

①镇区自查和饮用水水源地生态补偿实施小组复核相结合的办法。镇区每年 1 月底前对上一年度饮用水水源地生态补偿绩效进行自查，填报年度生态补偿绩效考核表，连同佐证材料上缴给饮用水水源地生态补偿实施小组。饮用水水源地生态补偿实施小组复核后用于全市各镇区饮用水水源地生态补偿绩效考核指数和镇区饮用水水源地生态补偿资金分配计算。

②饮用水水源地生态补偿实施小组委托第三方技术服务机构进行全市饮用水水源水质监测和考核，镇区配合提供考核相关材料，考核所获得的全市各镇区饮用水水源地生态补偿绩效考核指数用于镇区饮用水水源地生态补偿资金分配计算。

考虑目前饮用水水源水质监测系统的建设情况和考核工作的复杂程度，建议采取第二种方式。

7.3.4.3　考核结果应用

绩效考核结果作为分配生态补偿资金的依据，直接影响镇区可获得的饮用水水源地生态补偿资金额。

镇区年度所获得的饮用水水源地生态补偿资金的核算公式为：

$$Z_i = \left(M_{-级i} \times B_{-级} + M_{二级i} \times B_{二级} \right) \times q_i \tag{7.1}$$

式中：Z_i —— 第 i 个镇区应获得的饮用水水源地生态补偿资金，元；

$M_{-级i}$ —— 第 i 个镇区的饮用水水源一级保护区的面积，亩；

$B_{-级}$ —— 全市当年饮用水水源一级保护区生态补偿标准，元/亩；

$M_{二级i}$ —— 第 i 个镇区的饮用水水源二级保护区的面积，亩；

$B_{二级}$ —— 全市当年饮用水水源二级保护区生态补偿标准，元/亩；

q_i —— 第 i 个镇区上一年度饮用水水源地生态补偿绩效考核指数，量纲一。

考核优秀的，按补偿标准上浮 10%补偿；考核良好的，按补偿标准补偿；考核合格的，按补偿标准的 80%补偿；考核不合格的，不予补偿。饮用水水源地生态补偿绩效考核实施一票否决制，出现以下情形之一的，考核为不合格：①在水源保护区内引进污染项目或新增污染源。②集中式饮用水水源保护区整治评估结果未达到优秀的。③当年度饮用水水源水质达不到Ⅲ类的。④因"属地管理"原因发生影响饮用水水源安全的突发污染事件导致取水中断的。

镇区饮用水水源地生态补偿绩效考核指数取值情况见表 7-9。

表 7-9　镇区饮用水水源地生态补偿绩效考核指数取值情况

绩效考核得分	≥90 分	80～90 分	60～80 分	<60 分
考核等级	优秀	良好	合格	不合格
饮用水水源地生态补偿绩效考核指数（q_i）	1.1	1.0	0.8	0

7.3.4.4　考核分工

饮用水水源地生态补偿实施小组负责完善饮用水水源地生态补偿绩效考核机制、协调年度饮用水水源地生态补偿绩效考核实施。其中，市生态环境局负责建立健全生态补偿考核指标体系以及考核工作的组织和协调；获得饮用水水源地生态补偿资金的镇区负责根据考核内容提供数据和材料。

第 8 章

饮用水水源地生态补偿机制方案

8.1 中山市饮用水水源地生态补偿实施办法建议

基于前述研究与中山市实际，拟定中山市饮用水水源地生态补偿实施办法建议，主要内容如下。

8.1.1 实施办法的意义与基本原则

8.1.1.1 目的与意义

为深入贯彻落实绿色发展理念、科学发展观和建设和谐社会，落实《中华人民共和国环境保护法》以及国家和广东省生态补偿有关部署，落实《中山市主体功能区规划实施纲要》《中山市城市生态控制线管理暂行规定》和《中山市人民政府关于进一步完善生态补偿工作机制的实施意见》（中府〔2018〕1 号）的具体要求，指导中山市饮用水水源地生态补偿工作顺利开展，激励镇区主动落实饮用水水源"属地管理"责任，有效缓和水源保护与当地发展矛盾，为中山市构建长效的饮用水水源水质安全制度保障，制定中山市饮用水水源地生态补偿实施办法。

8.1.1.2 基本原则

中山市饮用水水源地生态补偿工作应遵循以下基本原则：

①"谁受益，谁补偿；谁保护，谁受偿"原则。饮用水水源保护的受益者需要承担补偿责任。同时，保护饮用水水源安全并为其他利益相关者提供生态服务的行为主体应该得到其他利益相关者的补偿。

②统筹兼顾、公平公正原则。将饮用水水源地生态补偿纳入全市生态补偿专项资金，根据生态公益林、耕地和饮用水水源地分布确定镇区生态补偿责任，受益大于付出的地区做出补偿，付出大于受益的地区接受补偿。

③动态调整原则。饮用水水源地生态补偿标准与中山市经济社会发展状况相适应，五年后根据生态补偿政策评估调整，确保生态补偿政策契合生态环境保护需求。

④比例分担原则。饮用水水源地生态补偿与耕地、生态公益林生态补偿共同纳入全市生态补偿专项资金，市、镇区财政按比例分担饮用水水源地生态补偿资金。

8.1.2　补偿的范围、对象与标准

8.1.2.1　补偿范围

中山市饮用水水源地生态补偿范围包括全市饮用水水源一、二级保护区（市属国有林场、林地除外）。

全市饮用水水源保护区范围和各镇区饮用水水源保护区面积由饮用水水源地生态补偿实施小组根据省政府批复的现行有效的中山市饮用水水源保护区划方案确定。

8.1.2.2　补偿对象

饮用水水源地生态补偿对象，即因饮用水水源保护区划定和管理造成合法权益受损和因履行饮用水水源地"属地管理"责任付出额外成本的镇区、村（社区）、所在地的单位和个人。

8.1.2.3　补偿标准

2018 年启动中山市饮用水水源地生态补偿，2018—2022 年，饮用水水源一、二级保护区生态补偿分别执行 500 元/（亩·a）、250 元/（亩·a）标准。

8.1.3　资金管理

8.1.3.1　资金筹集

①饮用水水源地生态补偿纳入中山市生态补偿专项资金。

②坚持"市财政主导、镇区财政支持"的纵横向结合的生态补偿资金筹集模式。市、镇区两级实行均一化生态服务付费，各镇区根据其生态补偿责任上缴生态补偿资金至市财政，纳入市生态补偿专项资金，专项用于全市生态补偿支出。市、镇区生态补偿资金筹集采用基于区域综合平衡的生态补偿资金筹集模式，并按比例分担耕地、生态公益林和饮用水水源地生态补偿资金。对于省级生态公益林和基本农田的生态补偿资金，市财政按照 1∶1 配套省财政生态补偿资金，并填补省财政下发资金中用于竞争性分配及省统筹管理缺口，剩余部分市、镇区财政按照 4∶6 比例分担；对于市级生态公益林、其他耕地、饮用水水源地的生态补偿资金，市、镇区财政按照 4∶6 比例分担。火炬开发区自行负担，五桂山由市财政全额负担，镇区应支付生态补偿资金按镇区生态补偿综合责任分配系数核算。

③待条件成熟，将适度吸纳社会捐赠，逐步形成"市财政主导、镇区财政支持、社会捐赠"的多渠道饮用水水源地生态补偿资金筹集机制。

8.1.3.2　资金分配

市环境保护局根据各镇区饮用水水源一、二级保护区的面积、标准与饮用水水源地生

态补偿绩效考核指数制定全市饮用水水源地生态补偿资金分配方案。

市财政在完成市饮用水水源地生态补偿资金收缴 1 个月内，下达至资金使用部门市环境保护局。

镇区所获得的饮用水水源地生态补偿资金的核算公式为：

$$Z_i = \left(M_{-级i} \times B_{-级} + M_{二级i} \times B_{二级} \right) \times q_i \tag{8.1}$$

式中：Z_i——第 i 个镇区应获得的饮用水水源地生态补偿资金，元；

$M_{-级i}$——第 i 个镇区的饮用水水源一级保护区的面积，亩；

$B_{-级}$——全市当年饮用水水源一级保护区生态补偿标准，元/亩；

$M_{二级i}$——第 i 个镇区的饮用水水源二级保护区的面积，亩；

$B_{二级}$——全市当年饮用水水源二级保护区生态补偿标准，元/亩；

q_i——第 i 个镇区上一年度饮用水水源地生态补偿绩效考核指数，由考核结果决定，量纲一。

全市各镇区 2017 年饮用水水源地生态补偿绩效考核未启动，则 2018 年 q_i 均取值为 1；2019 年起，按 q_i 由考核结果决定。

8.1.3.3　资金使用

（1）使用范围

全市饮用水水源地生态补偿资金的使用范围：饮用水水源地管理日常支出，饮用水水源保护相关项目支出，饮用水水源地内土地直接补偿和饮用水水源地内土地征收或收回。

生态补偿资金不得用于以下支出：行政事业单位的机构运作，奖金、津贴补助等各种人员经费，其他不属于饮用水水源保护范围的支出。

1）饮用水水源地管理日常支出。饮用水水源地管理日常支出包括饮用水水源地日常巡查人员的工资、巡查交通费和测量、水质检测等相关巡查装备的购置费；测量、水质检测费用；保护区标志牌和物理隔离设施建设与维护；饮用水水源地污染事故应急管理制度实施；饮用水水源地相关水域保洁管理；饮用水水源地周围村/社区污水收集和处理设施建设运维；饮用水水源地周围村/社区生活垃圾长效保洁经费；饮用水水源地内及周围土地（含地上附着物）或构筑物租金；《广东省饮用水水源水质保护条例》第三十九条规定情况之补偿资金；饮用水水源保护宣传教育和镇区落实"属地管理"责任所产生的支出。

2）饮用水水源保护相关项目支出。饮用水水源保护相关项目支出包括饮用水水源地周围村/社区污水收集和处理设施建设；饮用水水源地内及周围农业面源污染综合治理；饮用水水源地相关河道整治工程；饮用水水源地相关自然生态修复工程和其他有利于保障水源水质的工程。

3）饮用水水源地内土地直接补偿。

4）饮用水水源地内土地征收或收回。

（2）使用程序

1）饮用水水源地管理日常支出。饮用水水源地生态补偿资金用于第八条规定的饮用水水源地管理日常支出时，在饮用水水源地生态补偿资金中列支。

2）饮用水水源保护相关项目支出。饮用水水源保护相关项目支出时，应填写申请表（表 8-1），连同项目相关材料提交至镇区环保部门审核后，镇区财政部门按照镇区国库集中支付审批程序予以拨付。

表 8-1　饮用水水源保护相关项目支出申请表样式

项目名称			
建设期	＿＿＿年至＿＿＿年		
项目类型	□饮用水水源地周围村/社区污水收集和处理设施建设 □饮用水水源地内及周围农业面源污染综合治理 □饮用水水源地相关河道整治工程 □饮饮用水水源地相关自然生态修复工程 □其他有利于保障水源水质的工程：＿＿＿＿＿＿		
资金使用主体			
资金申请人		申请时间	＿＿年＿＿月＿＿日
投资	总投资情况	规模：＿＿＿＿＿＿万元 计划自专项资金列支：＿＿＿＿＿＿万元 其他：＿＿＿＿＿＿万元，资金来源：＿＿＿＿＿＿	
	本年度投资情况	规模：＿＿＿＿＿＿万元 计划自专项资金列支：＿＿＿＿＿＿万元 其他：＿＿＿＿＿＿万元，资金来源：＿＿＿＿＿＿	
项目简述	主要包括项目建设规模与内容 项目实施对水源保护影响 受益人数、受益面积和收益程度说明		
其他情况说明			
项目相关材料作为附件提供，清单如右表格所示	项目相关材料包括但不限于： 1. 项目立项依据相关证明材料 2. 项目与饮用水水源保护相关性证明材料 3. 项目设计方案、可行性研究报告、环评报告等立项材料 （注：如同一项目再次申请的，无须重复提供上述材料）		

3）饮用水水源地内土地直接补偿。饮用水水源地生态补偿资金用于饮用水水源地内土地直接补偿时，饮用水水源地内土地权利人向所在居（村）委会提交申请表（表 8-2），村委会汇总申请后，报镇区环保部门会同镇区相关部门审核。审核通过后，镇区政府与申请补偿对象签订水源保护责任书，并根据水源保护责任书内容按程序以直接支付方案将直接补偿金发放给申请人。

表 8-2　饮用水水源地内土地直接补偿申请表样式

所属地区（村、镇）				
申请人			申请年度	
联系人			联系电话	
申请补偿面积	总面积：_____亩	其中： 饮用水水源一级保护区内面积：_____亩 饮用水水源二级保护区内面积：_____亩		
补偿范围	图纸附后			
现状用地情况				
已获生态补偿情况	已获省级生态公益林生态补偿面积：_____亩 已获市级生态公益林生态补偿面积：_____亩 已获基本农田生态补偿面积：_____亩 已获其他耕地生态补偿面积：_____亩			
申请人上一年度是否存在违反饮用水水源地管理规定的行为：□是　□否				
补偿金额合计	应获土地直接补偿资金（元）=饮用水水源一级保护区内面积（亩）×500元/（亩·a）+饮用水水源二级保护区内面积（亩）×250元/（亩·a）−已获得的其他类型生态补偿资金			

申请人（签字）：

日期：　年　月　日

所在居（村）委会意见： 日期：　年　月　日	镇区环保部门意见： 日期：　年　月　日

镇区政府（街道办事处）意见：

日期：　年　月　日

注：与本申请表同时提交申请生态补偿土地相关地块范围、面积证明材料。

水源保护责任书包括土地直接补偿对象、申请补偿的土地面积、申请补偿的土地范围、补偿标准、补偿金额、银行账户和申请人水源保护责任承诺等内容。水源保护责任书一式三份，申请人、所在居（村）委会和镇区环保部门各执一份。

直接补偿标准与受补偿土地所属饮用水水源地生态补偿标准一致，即位于饮用水水源一、二级保护区内受补偿土地的直接补偿标准分别为 500 元/（亩·a）、250 元/（亩·a）。若已获生态公益林或耕地生态补偿的，则应扣除已获得的其他类型（林地资源特殊性补偿金除外）生态补偿资金。

申请人上一年度存在违反饮用水水源地管理规定的行为的，不予直接补偿。

接受直接补偿金的村集体或个人，应履行水源保护责任，若违反饮用水水源地管理相关规定，则追回直接补偿金。

4）饮用水水源地内土地的征收或收回。饮用水水源地生态补偿资金用于饮用水水源保护区范围内土地征收或收回时，镇区政府与保护区内土地权利人签订相关协议，并根据协议内容办理有关支付手续。

协议应明确所征收土地中饮用水水源保护区范围内土地的面积、范围、交易价格和土地权利人的水源保护责任。

8.1.3.4　资金管理

（1）资金管理档案

镇区内部加强饮用水水源地生态补偿资金全过程档案管理，镇区应对年度生态补偿资金管理全过程相关资料进行整理、归档。各镇区在规定时间内将年度饮用水水源地生态补偿资金使用情况和生态补偿项目进展情况上报市环境保护局，将生态补偿资金收支情况表上报饮用水水源地生态补偿实施小组统一归档管理。

（2）资金信息公开制度

饮用水水源地生态补偿实施小组要及时公开年度饮用水水源地生态补偿资金筹集与分配情况。

各镇区对年度饮用水水源地生态补偿资金使用情况和生态补偿项目进展情况予以公示。公示内容包括镇区年度饮用水水源地生态补偿资金的金额、使用情况、使用依据等。

8.1.4　绩效考核

8.1.4.1　考核对象与范围

考核以涉及获得饮用水水源地生态补偿资金的镇区政府为对象，以镇区内饮用水水源保护区为考核范围。

8.1.4.2　考核要求

饮用水水源地生态补偿绩效考核指标包括饮用水水源地生态补偿实施过程指标和饮

用水水源地生态补偿实施效果指标两类。实施过程指标占 70%权重，包括资金管理、组织实施和"属地管理"责任落实三项指标，分别占 25%、5%和 40%。实施效果指标占 30%权重。

考核满分为 100 分，最终考核得分在 90 分（含 90 分）以上的为优秀；得分在 80 分（含 80 分）以上、90 分（不含 90 分）以下的为良好；得分在 60 分（含 60 分）以上、80 分（不含 80 分）以下的为合格；得分在 60 分（不含 60 分）以下的为不合格。

年度饮用水水源地生态补偿绩效考核指标体系由市环境保护局于上一年度 12 月制定并发布。

8.1.4.3 考核方式与考核周期

中山市饮用水水源地生态补偿绩效考核配合生态补偿工作需求，考核周期为每年一次。

饮用水水源地生态补偿实施小组委托第三方技术服务机构进行全市饮用水水源水质监测和考核，镇区配合提供考核相关材料，考核所获得的全市各镇区饮用水水源地生态补偿绩效考核指数用于镇区饮用水水源地生态补偿资金分配计算。

8.1.4.4 考核结果使用

绩效考核结果作为分配生态补偿资金的依据。考核优秀的，饮用水水源地生态补偿绩效考核指数（q_i）取 1.1；考核良好的，饮用水水源地生态补偿绩效考核指数（q_i）取 1.0；考核合格的，饮用水水源地生态补偿绩效考核指数（q_i）取 0.8；考核不合格的，饮用水水源地生态补偿绩效考核指数（q_i）取 0。饮用水水源地生态补偿绩效考核实施一票否决制，出现以下情形之一的，考核为不合格：①在水源保护区内引进污染项目或新增污染源的。②集中式饮用水水源保护区整治评估结果未达到优秀的。③饮用水水源水质达不到Ⅲ类的。④因"属地管理"原因发生影响饮用水水源安全的突发污染事件导致取水中断的。

8.1.5 部门职责

8.1.5.1 市生态环境部门

市生态环境部门在饮用水水源地生态补偿中的职责如下：

①牵头饮用水水源地生态补偿实施小组。负责根据上级要求和实施效果制定饮用水水源地生态补偿相关政策文件，核定饮用水水源地生态补偿要素范围。

②制定饮用水水源地生态补偿资金分配方案并提交给生态补偿组织协调工作小组。

③开展补偿对象责任认定，向生态补偿组织协调工作小组提交饮用水水源地生态补偿情况报告。

④负责建立健全生态补偿考核指标体系以及考核工作的组织和协调。

8.1.5.2　市财政部门

市财政部门在饮用水水源地生态补偿中的职责如下：

①市财政局负责将市、镇按比例筹集的饮用水水源地补偿资金下达至市环境保护局。

②市财政局牵头生态补偿资金管理与绩效考核小组，负责包括饮用水水源地生态补偿资金在内的全市生态补偿专项资金年初预算安排、资金监督管理与绩效考核工作，确保专项资金合法、公平、公正地使用。

③参与饮用水水源地生态补偿实施小组和生态补偿组织协调工作小组。

④参与饮用水水源地生态补偿资金管理有关的其他事项。

8.1.5.3　其他部门

市水务局、国土资源局、林业局、农业局、发展和改革局、城乡规划局等部门参与饮用水水源地生态补偿实施小组。

8.1.5.4　受补偿镇区

接受饮用水水源地生态补偿资金的镇区，应履行饮用水水源地"属地管理"责任和生态补偿资金使用的主体责任，主要包括：

①对辖区内集中式饮用水水源保护区及其周边隐患地区每季度至少全面巡查一次，每季度巡查后须形成巡查报告表（镇区），并于每季度最后一个月底前将本镇区的巡查报告表（镇区）及有关巡查的现场监察记录表上报至环境监察分局现场室；

②严格控制和杜绝污染源，配合相关部门做好现有工业废水排污口的拆除、关闭或搬迁工作，确保水源健康安全；

③加快基础设施建设，做好生活污水收集、处理工作，提高生活污水集中处理率；

④加强农业面源污染治理，发展生态农业，鼓励生态种植；

⑤确保专项资金专款专用；

⑥其他相关工作。

8.1.5.5　其他

接受饮用水水源地生态补偿资金的村集体和个人，应遵守饮用饮用水水源地管理相关规定，配合饮用水水源地管理。

8.1.6　其他

专项资金应专款专用，对擅自变更用途或弄虚作假骗取专项资金的，将全额追缴补助资金，依法追究相关责任人和责任单位法律责任。

8.2 中山市饮用水水源地生态补偿绩效考核实施建议

8.2.1 2018 年度饮用水水源地生态补偿绩效考核指标体系

具体饮用水水源地生态补偿绩效考核指标体系见表 8-3。

表 8-3 饮用水水源地生态补偿绩效考核指标体系

一级指标名称	分值	二级指标名称	分值	三级指标名称	分值	内容	评价标准
实施过程	70	资金管理	25	资金使用	15	补偿资金是否专款专用、符合使用范围规定；是否严格按照相关的支出标准或有关规定开支，不得超标准、超范围开支	专款专用、符合使用范围规定（10 分）
							严格按照相关的支出标准或有关规定开支（5 分）
				财务管理	10	是否健全报账手续，严格报账程序，规范财务审批，杜绝挤占、挪用、套取专项资金；按照有关规定对财政专项资金进行会计核算，并按规定编制财务报表	报账手续健全，严格报账程序，无挤占、挪用、套取补偿资金（6 分）
							会计核算规范（4 分）
		组织实施	5	组织实施	5	生态补偿组织分工是否明确、合理	分工明确、合理（5 分）
		"属地管理"责任落实	40	饮用水水源地环境管理	15	饮用水水源地管理状况	饮用水水源地标志与物理隔离设施维护良好（5 分）
							根据《中山市环境保护局饮用水水源地突发环境事件应急处置预案》对镇区政府的要求，完全落实要求的，得 5 分，否则酌情扣分
							落实镇区内集中式饮用水水源地环境保护巡查制度（根据《中山市生态保护区及集中式饮用水水源地环境保护巡查制度》要求进行饮用水水源地巡查的，得 5 分，否则酌情扣分）
				环保基础设施	15	加强饮用水水源地内及周围环保基础设施运维	饮用水水源地内生活污水管网统一收集（本项得分=饮用水水源地内及周围生活污水管网覆盖率×5 分）
							饮用水水源地周围村/社区垃圾收集率（达到 100%，得 5 分，每降低 1 个百分点扣 0.5 分，扣完为止）
							无垃圾入河/库现象得 5 分；存在垃圾入河现象的，每处扣 1 分；不处理的，扣 2 分，扣完为止

一级指标		二级指标		三级指标			
名称	分值	名称	分值	名称	分值	内容	评价标准
实施过程	70	"属地管理"责任落实	40	污染综合治理	10	完成饮用水水源地周边污染综合治理任务	饮用水水源地内及周围农业面源污染控制与综合治理（5分）
							完成市下达的饮用水水源地相关河道整治任务（5分，未100%完成任务的，按已完成的任务比例核算得分）
实施效果	30	生态补偿效果	30	社会效益	10	平衡水源地周边各方利益，没有因水源地保护限制出现集体上访事件	饮用水水源地周边和谐，没有因水源地保护限制出现集体上访事件（10分），否则0分
				环境效益	10	饮用水水源水质达标	饮用水水源地内各监测断面水质监测结果达标情况（本项得分=饮用水水源地内各监测断面水质监测达标次数的比例×10分）
				服务对象满意度	10	居民满意度	饮用水水源地"属地管理"不善出现投诉的，照投诉1次扣1分，扣完为止
总分	100		100		100		

注：1. 相关规定和办法应该根据实际情况给出明确的文件名称。

　　2. 按照《集中式饮用水水源地环境保护状况评估技术规范》（HJ 774—2015）有关规定开展集中式饮用水水源地评估。

8.2.1.1　实施过程指标（70分）

（1）资金管理指标（25分）

资金管理指标分别包括资金使用（15分）和财务管理（10分）两个三级指标，资金使用要求生态补偿资金专款专用、符合使用范围规定，严格按照相关的支出标准或有关规定开支，不得超标准、超范围开支。由镇区政府提供镇区饮用水水源地生态补偿资金使用情况清单及相关证明材料，其中完全符合"专款专用、符合使用范围规定"的，得10分，未完全做到的，依照完成情况酌情扣分。完全符合"严格按照相关的支出标准或有关规定开支"的，得5分，未完全做到的，依照完成情况酌情扣分。财务管理只要考量镇区饮用水水源地生态补偿资金使用过程中是否健全报账手续，严格报账程序，规范财务审批，杜绝挤占、挪用、套取专项资金；按照有关规定对财政专项资金进行会计核算，并按规定编制财务报表。由镇区政府提供镇区饮用水水源地生态补偿资金使用情况清单及相关证明材料，其中完全符合"报账手续健全，严格报账程序，无挤占、挪用、套取补偿资金"的，得6分；未完全做到的，依照完成情况酌情扣分。根据镇区所提供的饮用水水源地生态补偿资金会计核算证明材料，判断其会计核算的规范性，会计核算规范的，得4分，否则，酌情扣分。

（2）组织实施指标（5分）

组织实施指标为5分。主要考核镇区饮用水水源地生态补偿实施全过程组织分工是否明确、合理，包括饮用水水源地生态补偿资金的使用和"属地管理"责任落实的分工是否明确、合理，对于分工明确、合理且落实到具体负责人的，得5分，否则，酌情扣分。

（3）"属地管理"责任落实（40分）

"属地管理"责任落实（40分）二级指标主要包括饮用水水源地环境管理（15分）、环保基础设施（15分）和污染综合治理（10分）3项三级指标。其中：饮用水水源地环境管理重点考核以下三个方面：①饮用水水源保护区管理状况，重点考核水源保护区标志与物理隔离设施维护是否良好，是则得5分，否则酌情扣分。②水源应急能力建设完善，根据《中山市环境保护局饮用水水源地突发环境事件应急处置预案》对镇区政府的要求，完全落实要求的，得5分，否则酌情扣分。③落实镇区内集中式饮用水水源地环境保护巡查制度，查阅镇区饮用水水源保护区环境保护巡查记录，根据《中山市生态保护区及集中式饮用水水源地环境保护巡查制度》要求进行饮用水水源保护区巡查的，得5分，否则酌情扣分。

环保基础设施重点考核以下三个方面：①加强饮用水水源地内及周围环保基础设施运维，按照饮用水水源地内及周围生活污水管网统一收集，该项得分为饮用水水源地内及周围生活污水管网覆盖率与5分乘积核算而得。②饮用水水源地周围村/社区垃圾收集率，若达到100%，得5分，每降低1个百分点扣0.5分，扣完为止。③无垃圾入河/库现象，全年无垃圾入河现象的，得5分；存在垃圾入河现象的，每处扣1分；不处理的，扣2分，扣完为止。

污染综合治理重点考核以下两方面：①完成饮用水水源地周边污染综合治理任务，本项得分为年度饮用水水源地内及周围农业面源污染控制与综合治理任务完成率与5分的乘积。②完成市下达的饮用水水源地相关河道整治任务，本项得分为年度市下达的饮用水水源地相关河道整治任务完成率与5分的乘积。

8.2.1.2 实施效果指标（30分）

实施效果指标包括社会效益（10分）、环境效益（10分）和服务对象满意度（10分）3项三级指标。其中：社会效益指标重点衡量接受饮用水水源地生态补偿资金的镇区政府是否切实采取措施，平衡饮用水水源地周边各方利益，且没有因水源地保护限制出现集体上访事件，若饮用水水源地周边和谐，没有因水源地保护限制出现集体上访事件得10分，出现集体上访事件得0分。环境效益指标采用饮用水水源水质达标率考核，根据饮用水水源地内各监测断面水质监测结果中达标次数的占比测算该饮用水水源地年度水源水质达标率，该项得分为年度水源水质达标率与10分的乘积。服务对象满意度利用居民满意度衡量，若饮用水水源地"属地管理"不善出现投诉的，照投诉1次扣1分，扣完为止。

8.2.2　若干重要问题规定

8.2.2.1　饮用水水源水质监测布点方案

在本书第 3 章分析中可知，在中山市饮用水水源水质监测体系未进一步完善前，为保证全市饮用水水源地生态补偿绩效考核的数据来源，建议在河流型饮用水水源保护区中增设 11 个监测点，在水库型饮用水水源保护区中增设 14 个监测点，在河涌型饮用水水源保护区中增设 30 个监测点。

8.2.2.2　水质监测结果的使用

中山市饮用水水源地存在同一个饮用水水源地上下游、左右岸跨镇区的情况，在中山市饮用水水源水质监测系统未调整前，暂时按照同一个饮用水水源地核算一个水源水质达标率，供该饮用水水源地所在镇区共同使用。未来，在进行饮用水水源水质监测系统优化建设时，在有条件的情况下，经进一步科学研究与测算，在进行饮用水水源地内不同镇区污染源贡献测量研究的基础上，进一步科学设置镇区饮用水水源水质监测点位。

8.2.2.3　镇区内存在多个饮用水水源地的处理

镇区内存在多个饮用水水源地的，单项考核得分取各个饮用水水源地考核得分的平均值。

附 件

附件 1

调查问卷

中山市饮用水水源地生态补偿研究镇区调研

说明：本调研分为两部分，第一部分为资料收集清单，请各镇区根据清单提供资料（最好为电子版）；第二部分为问卷调查表格，请各镇区填写后提交电子版和纸质版。

本调研所指饮用水水源保护区按照《关于同意调整中山市饮用水水源保护区划方案的批复》（粤府函〔2010〕303 号）所规定，包括河流型、水库型和河涌型三类饮用水水源一级、二级保护区。

一、资料收集清单

1. 各镇饮用水水源地违法项目清理工作总结以及违法项目清理工作情况清单（包括整改措施及项目现状）；

2. 存在现有饮用水水源地生态补偿及类似做法的（例如水源地内违法项目清理过程中租金赔偿、设施或建筑物赔偿、村民土地租金收益损失补偿等），请提供相关情况介绍材料；

3. 各镇饮用水水源一级、二级保护区内现存镇属土地、鱼塘或物业等情况简述，及其出租情况；

4. 各镇饮用水水源一级、二级保护区内现存村集体的土地、鱼塘或物业等情况简述，及其出租情况。

二、问卷调查表

（一）饮用水水源地管理现状调查

1. 镇区在饮用水水源地管理、保护的投入有哪些方面？

2. 哪些村在饮用水水源地保护中做出了更多的投入，具体体现在哪些方面？

3. 是否存在个人或企业对饮用水水源保护做出了更多的投入，若是，具体体现在哪些方面？

（二）饮用水水源地生态补偿资金用途与使用意见调查

4. 请根据本镇区 2013—2017 年在水源保护方面的投入情况，填写下表。

类型	名称	投入描述	年份	金额/万元	经费来源（市财政/镇财政/其他）
长效性开支	饮用水水源地巡查				
	水域保洁				
	污水收集和处理设施建设运维				
	生活垃圾长效保洁经费				
	水源保护宣传教育				
	其他：_____				
项目性开支	生活污水处理设施建设或改建				
	农业面源污染综合治理				
	自然生态修复				
	生态公厕				
	水土保持				
	畜禽养殖场（点）取缔				
	垃圾中转站（场）建设				
	河道整治建设				
	水源保护区标识标志维护				
	其他：_____				
补偿性开支	生态搬迁补助				
	弥补镇村集体资产（土地）闲置损失				
	其他：_____				
其他					
……					

注：如有其他类型支出，请自行增加表格行。

5. 目前饮用水水源地管理中，饮用水水源地内、附近相关村或社区承担哪些责任与开支（可多选）？

○水域保洁　　　　　　　　　　　○集体耕地租金损失

○村庄/社区生活垃圾收集与转运　　○集体鱼塘租金损失

○饮用水水源地巡查　　　　　　　○集体建筑物租金损失

○公厕建设　　　　　　　　　　　○其他：＿＿＿＿＿＿＿＿＿＿＿

6. 请填写镇区相关饮用水水源地内或附近土地租金情况：

厂房租金：＿＿＿＿＿＿＿　　鱼塘租金：＿＿＿＿＿＿　　＿＿

菜地租金：＿＿＿＿＿＿＿　　其他＿＿＿＿租金：＿＿＿＿＿＿＿

7. 过去几年，本镇区在生态公益林和耕地生态补偿资金使用和管理过程中，主要面临哪些问题（可多选）？

○生态补偿资金分配手续烦琐

○镇区统筹生态补偿资金使用用途范围窄

○镇区统筹生态补偿资金比例偏低

○镇区统筹生态补偿资金使用程序缺乏规范

○其他：＿＿＿＿＿＿＿＿＿＿＿＿＿＿＿＿＿＿＿＿＿＿＿＿

8. 根据中府〔2018〕1 号文，我市于 2018 年启动饮用水水源地生态补偿，其中饮用水水源一级、二级保护区生态补偿标准分别实施 500 元/（亩·a）和 250 元/（亩·a），对于分配至镇区的生态补偿资金，应由哪些主体使用（单选）？

○全部由镇区政府支配使用

○部分直接按面积分配给村，部分由镇区政府使用

○全部直接按面积分配至村，由村统一使用

○全部直接按面积分配至村，由村直接分配至村民

9. 镇区政府支配使用的饮用水水源地生态补偿资金的使用范围应当包括（可多选）：

○饮用水水源地日常管理（巡查、监测、物理隔离设施维护等）

○饮用水水源地周围村/社区污水收集和处理设施建设、运维

○饮用水水源地周围村/社区生活垃圾长效保洁经费

○饮用水水源地水面及其上游水域保洁

○饮用水水源地周围村/社区生活污水处理设施建设或改建

○饮用水水源地周围村/社区垃圾中转站（场）建设

○饮用水水源地周围村/社区生态公厕

○饮用水水源地周围河道整治建设

○饮用水水源地周围农业面源污染综合治理

○饮用水水源地周围水土保持

○饮用水水源地周围自然生态修复

○饮用水水源地内居民搬迁补贴

○饮用水水源地内村集体土地、鱼塘租金损失补偿

○其他：＿＿＿＿＿＿＿＿＿＿＿＿＿＿＿＿＿＿＿＿＿＿

10. 对于饮用水水源地生态补偿资金用途，有什么建议？

＿＿＿＿＿＿＿＿＿＿＿＿＿＿＿＿＿＿＿＿＿＿＿＿＿＿＿＿＿＿＿＿

＿＿＿＿＿＿＿＿＿＿＿＿＿＿＿＿＿＿＿＿＿＿＿＿＿＿＿＿＿＿＿＿

＿＿＿＿＿＿＿＿＿＿＿＿＿＿＿＿＿＿＿＿＿＿＿＿＿＿＿＿＿＿＿＿

＿＿＿＿＿＿＿＿＿＿＿＿＿＿＿＿＿＿＿＿＿＿＿＿＿＿＿＿＿＿＿＿

11. 对于饮用水水源地生态补偿资金使用程序，有什么建议？

＿＿＿＿＿＿＿＿＿＿＿＿＿＿＿＿＿＿＿＿＿＿＿＿＿＿＿＿＿＿＿＿

＿＿＿＿＿＿＿＿＿＿＿＿＿＿＿＿＿＿＿＿＿＿＿＿＿＿＿＿＿＿＿＿

＿＿＿＿＿＿＿＿＿＿＿＿＿＿＿＿＿＿＿＿＿＿＿＿＿＿＿＿＿＿＿＿

＿＿＿＿＿＿＿＿＿＿＿＿＿＿＿＿＿＿＿＿＿＿＿＿＿＿＿＿＿＿＿＿

（三）饮用水水源地生态补偿绩效考核意见调查

12. 您认为饮用水水源地生态补偿资金绩效目标应该包括什么内容（可多选）？

○加强饮用水水源地规范化建设和管理，保障水源水质安全

○规范生态补偿资金管理　　　　　　○维护利益相关方权益

○其他＿＿＿＿＿＿＿＿＿＿＿＿＿＿

13. 您认为衡量饮用水水源地生态补偿资金预期产出的绩效指标应该包括哪些方面（可多选）？

○饮用水水源地规范化建设和管理程度

○饮用水水源取水量保证状况和水源达标状况

○年度生态补偿资金执行率

○其他＿＿＿＿＿＿＿＿＿＿＿＿＿＿

14. 您认为衡量饮用水水源地生态补偿资金相关方满意程度的绩效指标应该包括哪些方面（可多选）？

○补偿标准　　　　　○补偿发放足额性

○补偿发放及时性　　○在改善生态环境方面所起到的效果

○其他＿＿＿＿＿＿＿＿＿＿＿＿＿＿

15. 通过饮用水水源地生态补偿，您期待实现什么经济效益？

16. 通过饮用水水源地生态补偿，您期待实现什么社会效益？

17. 您认为饮用水水源地生态补偿资金应该使用于哪些方面（可多选）？
○补偿村集体资产（土地等）闲置损失
○补偿利益受损的承包商、企业
○居民在饮用水水源生态环境保护工作中做出的贡献和付出的额外成本
○镇统筹饮用水水源生态环境管理
○扶持当地生态型、环保型产业的发展
○弥补当地教育、社保、农业、卫生等基本民生支出缺口
○其他＿＿＿＿＿＿＿＿＿＿＿＿＿

18. 您认为饮用水水源地生态补偿绩效考核频次如何设置比较合适（单选）？
○一年一次　　　　○两年一次
○三年一次　　　　○与中山市专项资金绩效考核要求一致
○其他＿＿＿＿＿＿＿＿＿＿＿＿＿

附件 2

公众饮用水水源地生态补偿调查问卷

G1. 请问您在中山市居住的时间有多长？ 【单选】

不到 1 年（包括 1 年）	1	→ 【终止访问】
1～2 年（包括 2 年）	2	
2～3 年（包括 3 年）	3	
3～5 年（包括 5 年）	4	→ 【继续访问】
5 年以上	5	

G2. 请问您的周岁年龄是多少呢？【记录实际年龄：＿＿＿＿岁】【单选】 【统计配额】

18 周岁以下	1	→ 【终止访问】
18～25 周岁	2	
26～35 周岁	3	
36～45 周岁	4	→ 【继续访问】
46～55 周岁	5	
56～65 周岁	6	
65 周岁以上	7	→ 【终止访问】

A. 问卷主体部分

A1. 您是否知道中山市近年来对生态公益林给予生态补偿？【单选】

清楚情况	1
听说过	2
没听说过	3
不关心	4

A2. 您是否知道中山市近年来对耕地给予生态补偿？【单选】

清楚情况	1
听说过	2
没听说过	3
不关心	4

A3. 对于中山市给予生态补偿，您的看法是？【多选】

很必需，有利于生态环境保护	1
很必需，有利于区域公平	2
无所谓	3
没必要	4

A4. 为了保护饮用水水源（例如长江水库），水源周围发展可能受限制，您认为其是否应该得到生态补偿？【单选】

应该	1	
没必要	2	【跳到 A7 题】
无所谓	3	

A5. 您认为应该由谁来支付饮用水水源地生态补偿资金？【多选】

市政府	1	【跳到 A6 题】
取水饮用的镇街政府	2	
所有用水的人	3	
其他：_____	4	【跳到 A6 题】

A6. 您认为哪种途径来支付饮用水水源地生态补偿金更合理呢？【多选】

提高水的价格，按用水量多少收取	1
交税	2
捐款	3
其他：_____	

A7. 如果饮用水水源地生态补偿资金通过自来水费来收取，您觉得每吨水收多少钱您能接受呢？【单选】【出示 pad】

5分	1
1角	2
2角	3
3角	4
4角	5
5角	6
6角	7
7角	8
8角	9
9角	10
1元	11
可以更高标准	12

Y. 背景部分

Y1.请问您目前的户籍类型是：【单选】【统计配额】（请控制本地户籍比例不低于70%）

中山籍	1
非中山籍	2
境外籍（包括华侨、港澳台等）	3

Y2. 您现居住在以下哪个镇区？【单选】【统计配额】

东区	48	南头镇	55	南朗镇	62	神湾镇	69
南区	49	三乡镇	56	三角镇	63	火炬开发区	70
石岐区	50	沙溪镇	57	坦洲镇	64	五桂山	71
西区	51	小榄镇	58	板芙镇	65		
东凤镇	52	大涌镇	59	阜沙镇	66		
古镇镇	53	东升镇	60	横栏镇	67		
黄圃镇	54	港口镇	61	民众镇	68		

Y3. 请问您目前居住在：【单选】　　　【统计配额】

城镇	1
农村	2

Y4. 请问您目前主要从事什么工作？【单选】

中山市市级行政机关单位的干部	01
各类企事业单位、机关从事生产、运输、后勤的普通职工、一般服务员	02
企业中高层管理人员	03
教育、科学、文艺、卫生行业的专业人士	04
会计、律师、培训师、咨询师等白领	05
普通办公室职员	06
专业技术工人（蓝领）	07
出租司机/物流运输工人/保安人员/机械化作业的农业工人	08
个体劳动者/自由职业	09
个体老板/私营企业主	10
军人	11
农业劳动者	12
离退休人员/内退	13
下岗/待业/失业/半失业人员	14
学生	15
其他【请注明：＿＿＿＿＿＿＿＿＿＿＿＿】	

Y5.请问您的文化程度是：【单选】

小学及以下	1	大专	4
初中	2	大学本科	5
高中、中专或技校	3	研究生及以上	6

Y6.记录受访者性别：【单选】

男	1	女	2

我们的访问到此结束，非常感谢您的配合。